TURING

玩转AIGC绘画 探索创作边界

Stable Diffusion

AIGC绘画实训教程

孟德轩 著

人民邮电出版社

北 京

图书在版编目（ＣＩＰ）数据

Stable Diffusion：AIGC绘画实训教程 / 孟德轩著
. -- 北京：人民邮电出版社，2023.12
ISBN 978-7-115-63099-5

Ⅰ．①S… Ⅱ．①孟… Ⅲ．①图像处理软件－教材
Ⅳ．①TP391.413

中国国家版本馆CIP数据核字(2023)第215912号

◆ 著　　　　　孟德轩
　　责任编辑　赵　轩
　　责任印制　胡　南

◆ 人民邮电出版社出版发行　　北京市丰台区成寿寺路 11 号
　　邮编　100164　　电子邮件　315@ptpress.com.cn
　　网址　https://www.ptpress.com.cn
　　涿州市般润文化传播有限公司印刷

◆ 开本：720×960　1/16
　　印张：9.25　　　　　　　　2023 年 12 月第 1 版
　　字数：168 千字　　　　　　2024 年 9 月河北第 4 次印刷

定价：59.80 元

读者服务热线：(010)84084456-6009　印装质量热线：(010)81055316
反盗版热线：(010)81055315
广告经营许可证：京东市监广登字 20170147 号

序

当今科技的迅猛发展，给艺术创作带来了前所未有的可能性和挑战。在这个充满变革和创新的时代，我们见证了人工智能技术对各个领域的深入渗透，绘画艺术也不例外。

作为一位传统的书画专业人士，我一直沉浸在传统绘画技巧和表现形式中，对这种现代科技绘画手段表示怀疑和抵触，它是否能够真正表达艺术家的创造力和情感？然而，这本书带领我进入人工智能绘画的奇妙世界，我逐渐发现，这种新兴的绘画方式并非是简单地取代传统技法，而是为艺术创作注入了新的灵感和可能性。人工智能绘画所展现的视觉效果和风格独树一帜，令我惊叹不已。

人工智能绘画的兴起，使传统书画与现代科技之间产生了有趣而富有挑战性的对话。我们不再局限于传统的绘画媒介和技巧，而是秉持开放的心态，探索不同绘画方式的可能性。这种对话促使我们重新审视和思考艺术的本质，并为我们带来了更加丰富多样的艺术表达方式。

这本书就像一位老师，为我们设计了一条系统化的学习路径，提供了从基础知识到操作技巧的逐步引导，还提供了丰富的实践运用案例，让我们有机会将所学应用于实际创作，在学习与实践的过程中，培养艺术感觉、创造力和自信心，逐渐成为一位独立自主的艺术家。

"艺术无界，创意无限。"人工智能绘画的出现，为艺术领域注入了新的活力，让我们更加期待未来艺术的无限可能，让我们一同探索和感受这个融合了传统与现代的绘画时代吧！

徐墨然

国家一级美术师

中国山水画创作院副院长

目 录

目录 CONTENTS

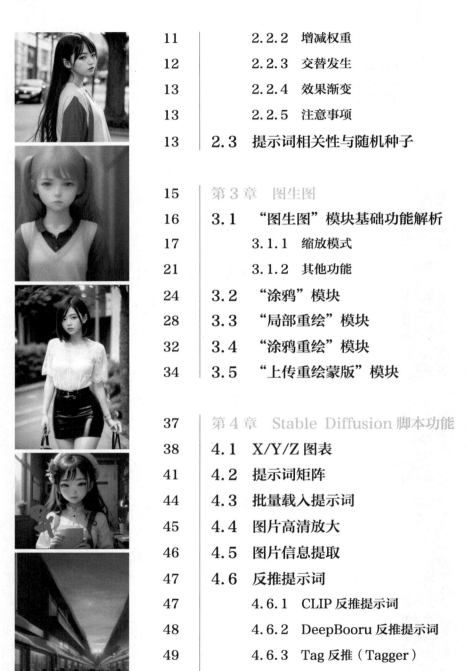

第1章

你好，AIGC

> 你有没有感觉到，从 2023 年开始，身边的同事和同行越来越多地开始谈论
> Stable Diffusion、Midjourney 和 ChatGPT 这些 AIGC 工具，甚至已经开
> 始在工作中使用它们了？ AIGC 的英文是 Artificial Intelligence Generated
> Content，也就是"生成式人工智能"，它能根据用户的指令，利用人类已有
> 的知识，尽可能"生成"你想要的答案。

1.1　AIGC 绘画的历程

人工智能（AI）绘画的起源可以追溯到半个世纪前的 1973 年，哈罗德·科恩[①]创作了世界上第一幅人工智能绘画作品。科恩使用他开发的 AARON 程序，通过一系列设定好的规则，生成了由各种蓝色线条组成的图像。这些作品非常抽象，经常被拿来与抽象艺术家杰克逊·波洛克[②]的作品相提并论。然而，科恩既没用画笔，也没用颜料，仅靠计算机程序就生成了这些作品。

2014 年，生成对抗网络（Generative Adversarial Networks，GAN）问世。GAN 由生成器和判别器两个组件组成，生成器用于生成类似于训练数据的新数据，比如图片，而判别器则负责判断生成器生成的数据是真实的还是虚假的。

那么，这与 AIGC 绘画有什么关系呢？

GAN 可以用于生成逼真的图片，如肖像。在 AIGC 绘画领域，GAN 已被用于创作令人惊叹的艺术作品。例如在 2018 年，一幅名为 "Edmond de Belamy" 的 GAN 生成画作以 432 500 美元的价格在拍卖会上售出，这幅画作是为了向 GAN 的发明者 Ian Goodfellow[③]致敬。

2020 年，OpenAI 公司开发的突破性深度学习算法——一种基于对比文本和图片的预训练模型（Contrastive Language-Image Pre-training，CLIP）对 AIGC 绘画的发展产生了重大影响。CLIP 采用创新的方法将自然语言处理技术和计算机视觉技术相结合，能够有效地理解和分析文字与图片之间的关系，为基于文本提示生成 AIGC 绘画铺平了道路。

典型的 CLIP 驱动的图片生成器由一个用于生成样本图片的神经网络和一个 CLIP 模型组成，用于评估图片与给定文本提示的相关性。Deep Daze[④]是利用这一架构的早期项目之一，随后出现了广泛使用的 VQGAN[⑤] + CLIP 模型。

凯瑟琳·克劳森（又名 Rivers Have Wings）在 AIGC 绘画的发展中扮演了关键角色。她

---

① 哈罗德·科恩，计算机科学家、艺术家，出生于英国，长期担任加州大学圣迭戈分校计算机和艺术研究中心主任。
② 杰克逊·波洛克（Jackson Pollock，1912年1月28日—1956年8月11日）：美国人，抽象表现主义绘画的代表人物。
③ Ian Goodfellow：谷歌公司科学家，蒙特利尔大学机器学习博士。
④ Deep Daze：一款基于机器学习技术的绘画生成软件。
⑤ VQGAN：一种基于GAN的生成模型，可以将图片和文本转换为高质量的图片，该模型由OpenAI研究团队在2021年发布。

对普及 AIGC 绘画技术产生了重大影响，使普通人也能够接触到 AIGC 绘画。作为杰出的 AI 艺术家和技术先驱，她还是扩散模型开发的技术领导者之一。

2022 年将被视为 AIGC 绘画成为主流艺术形式的转折点。2022 年，扩散模型成为主流的生成模型。扩散模型通过将简单的随机噪声信号转化为更复杂的数据（如图片）来生成作品。与 GAN 不同，扩散模型使用连续过程生成作品，使其更稳定且更易于控制。此外，它们在计算成本和性能方面也优于 GAN，因为它们可以使用较少的计算资源生成高质量图片。扩散模型还能够生成不同的作品而不会出现模块崩溃，而这也是 GAN 的一个常见问题。这些优势使得扩散模型在 AIGC 绘画创作中越来越受欢迎。2022 年，潜在扩散（Latent Diffusion）模型在 AIGC 绘画领域迅速发展，OpenAI 的 DALL-E 在其中发挥了重要作用。

来自 Stability AI 的研究团队为推广 AIGC 绘画做出了重要贡献，他们的稳定扩散模型使普通大众能够实践 AIGC 绘画。该模型由潜在扩散模型演变而来，其性能可与 OpenAI 的 DALL-E 2 相媲美。开源的 AIGC 绘画模型的可用性推动了基于 Web 的 AIGC 绘画的发展，使任何人都能进行创作。

1.2 AIGC 绘画的原理

AIGC 绘画的原理主要涉及生成对抗网络（GAN）和深度学习技术。

- **训练数据集：** AIGC 绘画需要使用大量的艺术作品作为训练数据集。这些数据集可以是绘画、摄影、插图等不同类型的艺术作品。通过分析这些作品的特征和风格，生成器可以学习到不同的艺术风格和元素。
- **学习特征和风格：** 生成器通过学习训练数据集中的特征和风格，学会生成具有相似特征的新作品，这些特征包括色彩、线条、纹理、形状等艺术元素，生成器会学习如何组织这些元素以生成艺术作品。
- **损失函数：** 在训练过程中，使用损失函数来衡量生成器生成作品的质量。常见的损失函数包括生成器损失和判别器损失。生成器损失用于衡量生成的作品与真实作品之间的差距，而判别器损失用于衡量判别器对生成作品的识别能力。
- **迭代训练：** 生成器和判别器通过多轮的训练和反馈不断优化。在每一轮训练中，生成器生成新作品，判别器评估并提供反馈，然后生成器根据反馈进行更新和改进。

- **风格迁移：**除了生成全新的艺术作品，AIGC 绘画还可以应用风格迁移技术，将一个作品的风格应用于另一个作品，创造出具有新风格的作品。

总体来说，AIGC 绘画利用 GAN 和深度学习技术，通过学习大量的艺术作品的特征和风格，生成具有相似特征和风格的独一无二的作品。

1.3　主流 AIGC 绘画工具

主流的 AIGC 绘画工具包括 Midjourney、DALL·E 2、Firefly 和 Stable Diffusion 等。

1.3.1　Midjourney

Midjourney 是一个生成式人工智能程序和服务，用户可以使用自然语言，也就是"提示词"来生成作品。Midjourney 定期发布新的模型版本，截至写作本书时，最新版本为 5.1。

目前，用户可以通过直接向 Midjourney 官方 Discord 服务器上的 Discord 机器人发送消息或邀请机器人访问第三方服务器来使用 Midjourney。如果要生成图片，用户可使用 /imagine 命令并输入提示词，机器人将反馈一组 4 张图片，用户可以在其中选择想要的理想图片。Midjourney 目前正在开发 Web 界面，通过不断探索新的技术和方法提升用户体验和作品生成效率。

1.3.2　DALL·E2

DALL·E2 是一种人工智能图片生成器，能够根据自然语言创造逼真的高质量图片和艺术作品。2021 年 1 月，OpenAI 推出了 DALL·E。一年后，推出了新版本 DALL·E2，它能够更好地理解文本描述，严格控制图片的风格、主题、角度和背景等。

1.3.3　Firefly

Firefly 是 Adobe 产品中的全新 AIGC 工具，它可以通过学习和分析数据，自动生成符合用户需求和市场趋势的创意设计，为用户在平面设计、剪辑、3D 建模、营销和社交媒体等方向提供更高效、更准确和更具有创意性的设计方案。

1.3.4　Stable Diffusion

本书讲解的重点 AIGC 绘画工具是 Stable Diffusion。它的功能非常强大，除了常规的

AIGC 生成绘画，它还具有许多令人惊叹的能力，在本书中我们将详细介绍它。

1.4 Stable Diffusion 的独特优势

　　Stable Diffusion 具有以下独特优势：开源免费、本地部署、内容无限制。这些优势使得 Stable Diffusion 成为了一个备受欢迎的 AIGC 绘画工具。

1.4.1 开源免费

　　Stable Diffusion 由 Stability AI 的研究人员和工程师与其开发者社区（包括 RunwayML、LMU Munich、EleutherAI 和 LAION）合作创建。与 DALL-E 和 Midjourney 等竞争性潜在扩散模型不同，它是开源的。其开发者 Stability AI 于 2022 年 8 月 22 日首次公开发布了该模型及其代码。

1.4.2 本地部署

　　Stable Diffusion 是一个开源模型，这意味着你可以在本地计算机上运行它。这个特点几乎可以让设计师随时随地"出图"。而其数据可以仅存储于本地的属性，也极大地保护了用户的隐私。

1.4.3 内容无限制

　　可训练自定义风格模型是其成为"顶流"AIGC 绘画工具的主要原因之一。理论上你可以训练任何风格的模型用于创作，而很多用户也将自己训练的模型上传至 CIVITAI 这样的专业门户网站供大家免费下载使用。得益于开源的特点，我们有各种各样的插件可以应用，还有众多 LoRA 类模型供我们选择，无论是出图风格还是形态都可以随心所欲地精准控制。注意，我们不建议将其产出的图片直接进行商用，因为碍于大部分用户使用本地部署版本训练模型时所用训练图数量较少，所以很容易产出与原图相似度极高的图片，容易造成版权纠纷。

　　综上所述，如果你有明确的目标产出，比如你是一名建筑类设计师，工作中要产出大量的效果图，那么 Stable Diffusion 将能满足你的创作需求，因为它的可控性更强。而如果你没有明确的创作目标，想做一些发散性思维的创意工作，那么 Midjourney 凭借其便捷性与低门槛，将是你的较佳选择。

1.5　软件安装

在安装之前，除了需要一台硬件性能达到要求的计算机、Win10/Win11（推荐）操作系统，还要安装一些前置软件，否则 Stable Diffusion 将无法正常运行。

建议使用 10GB 或更多的 VRAM[①] 运行 Stable Diffusion，但是 VRAM 资源较少的用户可以选择以 float16 精度加载权重，而不是默认的 float32。

前置软件有哪些呢？分别是 Python　3.10.6、VSCode 和 Git。它们的具体安装方法不再赘述，读者可自行搜索。Stable Diffusion 的安装步骤请参考我的讲解视频。

最后，如果你的计算机配置低，又想尝试 Stable Diffusion，可以使用青椒云平台。进入云平台界面，实名认证之后，单击"新增云桌面"，可以根据个人需求选择合适的产品，然后直接单击"开机"，即可进入云桌面使用 Stable Diffusion，如图 1-1 所示。

图 1-1

---

① 　VRAM（Video Random Access Memory）：显卡上的随机存取存储器，是一种双端口内存，它允许在同一时间被所有硬件（包括中央处理器、显示芯片等）访问。

第2章

提示词与文生图基础

提示词是用于描述生成图的关键词或短语，通过相应的提示词指令，即可顺利生成符合用户要求的不同类型的图片，这就是 Stable Diffusion 的文生图功能。它为绘画创作带来了更多的创意灵感和画面表现力。接下来，我们详细介绍一下什么是提示词与文生图，以及如何使用提示词。

2.1　文生图

文生图，即根据用户输入的文本生成高质量的图片。

2.1.1　模型解析

模型是机器学习中的一个重要概念，它是对数据和问题的抽象表示。在 AIGC 绘画中，模型可以被视为一个学习者，而不是一个具体的人物。

每个模型都由成千上万份风格类似的图片合集组成。当加载一个模型时，它相当于从这个合集中学习，并逐渐掌握相似风格的绘画技巧。因此，当一个新手使用模型生成作品时，如果生成的作品画风不对，很大程度上是因为他选择的模型不合适。

以生成漫画为例，如果你的生成结果总是出现现实照片，这很可能是因为选择了非漫画风格的模型。实际上，因为它被提供了一大堆照片去学习，却被要求画漫画，这让它感到困惑。

因此，为了确保生成结果符合期望，应选择与所需风格相匹配的模型，这样 AI 就可以更好地满足用户的期望和需求。

那么，我们从哪里下载合适的模型呢？

我们可以通过启动器下载：WebUI 启动器→模型管理→Stable Diffusion 模型，单击"下载"按钮，如图 2-1 所示。

图 2-1

可以看到，虽然有大量的模型可供下载，但是由于没有预览图，感觉就像开盲盒一样，你无法知道下载的是什么风格的模型。

此外，你还可以从"C 站"（CIVITAI 官网）下载，如图 2-2 所示。

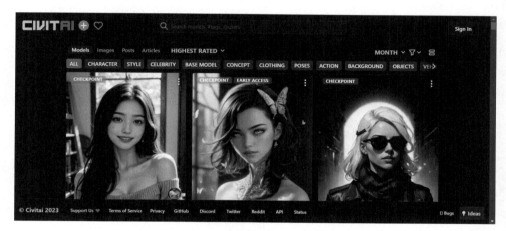

图 2-2

2.1.2 提示词

我想大家今年都或多或少见过 Prompt 这个单词。Prompt 源自自然语言处理领域，直译为"提示"。例如，我们在背诵古诗的时候，有时候想不起来了，这时候如果给你提示下一个字或下一个词，你自然就想起来后面的内容。所以，Prompt 就是给预训练语言模型的一个线索或者提示，可以帮助它更好地理解人类的问题。日常我们将 Prompt 称为提示词，当然也有人习惯称其为关键词、标签（Tag）。它们都是一个意思，在本书中将统一称其为"提示词"。

提示词是文生图模块的关键，不同的提示词对于生成图的结果、质量和细节呈现有较大影响。

需要注意的是，Stable Diffusion 默认的执行语言为英语，支持用户使用单词、短语、短句、短篇文字，提示词之间可用逗号分隔。此外，Stable Diffusion 也能识别表情符号、emoji 、日语等特殊符号。

那如何在使用文生图功能时告诉 Stable Diffusion 我需要什么和不需要什么？这就涉及两种提示词，一种是正向提示词，另一种是反向提示词。

正向提示词就是你想要在画面中生成的内容。例如，你想生成"一个女孩"的图片，那么你就在正向提示词中输入1girl，出图效果会如图2-3所示，一个小女孩的图片就诞生了。

与之相对，反向提示词就是你不想在画面中呈现的内容或者是当前效果中出现错误的地方。比如低劣的图片质量、错误的光影、错误的构图等。此外还可能包括不合适的文字、logo、数字、颜色、广告，以及画面中的元素关系等。

图 2-3

2.2　提示词语法

输入提示词的时候需要遵循一定的规则，包括分隔、权重、交替和渐变等。在提示词中尽可能详细地描述所需的图片内容、风格、尺寸和格式，便会获得更理想的生成效果。

2.2.1　分隔

不同的提示词之间需要使用英文逗号进行分隔，逗号表示这些提示词是平等关系但意义不同。比如girl,blue eyes,long hair，这里的每一个单词都是单独生效的，并遵循先后顺序。逗号前后有空格不产生影响，但为了更好地在众多提示词中快速找到它们的首尾，我们通常建议在每个提示词后面添加一个空格进行区分。如果没有逗号，这些提示词将被视为一个短语。

注意，如果我们需要将几个同样作用的提示词进行混合以描述一个物体上同时存在多种效果，需要用"｜"来进行分隔，而不是"，"。

比如基于上面的文本，我想让生成的女孩穿上红黄相间的衣服，那么就在文本框里加上red|yellow clothes，生成效果如图2-4所示。

所以"｜"表示这些被分隔开的提示词将同时发生作用，它们是混合生效而非分别生效。

图 2-4

2.2.2 增减权重

在提示词后面标注数字，可以精准增加或减弱权重，可以写成"提示词：权重数值"。比如 1cat:2 的意思就是 1cat 的权重增加了 2 倍。需要注意的是，权重过高会导致生成效果反而脱离了正常猫的形象，如图 2-5 所示。

我们可以使用多层括号包裹提示词，以控制它们的权重强度：每增加一层小括号表示权重增加 1.1 倍，比如（1cat）的意思就是 1cat 的权重增加 1.1 倍；每增加一层中括号表示权重降低 1.1 倍，比如 [1cat] 的意思就是 1cat 的权重降低 1.1 倍。

图 2-5

如果叠加套用小括号或中括号，则按以下公式叠加计算。

（（提示词））为权重增加 1.1×1.1=1.21 倍。

（（（提示词）））为权重增加 1.1×1.1×1.1=1.331 倍。

（（（（提示词））））为权重增加 1.1×1.1×1.1×1.1=1.4641 倍。

我们以反向提示词为例，如果你正常输入的反向提示词的效果在生成图的过程中依旧出现，那就可以用这种方式增加它的权重，如 ((nsfw))、((greyscale))、(low quality:2) 等。但这种方式计算麻烦，增减效果固定，不如在提示词后面写上权重值的方式更精准可控。

当出现多组提示词时，我们可以通过一些基本语法来强化它们的属性，以及提高或降低提示词权重。权重的默认数值为 1，范围是 0.1 至 100，低于 1 表示减小，高于 1 表示增加。

权重系数可改变提示词特定部分的比重，具体规则如下。

（提示词）为将权重提高 1.1 倍。

（（提示词））为将权重提高 1.21 倍（1.1×1.1），乘法的关系。

[提示词] 为将权重降低 90.91%。

（提示词 :1.5）为将权重提高 1.5 倍。

（提示词 :0.25）为将权重减小为原先的 25%。

\(提示词 \) 为在出图中包含字面意义上的小括号字符图形元素。

注意，使用数字指定权重时，必须使用小括号。如果未指定数字权重，则假定为 1.1。

指定单个权重仅适用于 SD-WebUI。

2.2.3　交替发生

如果你要生成的是多种形态混合的生物角色，就用这样的书写格式试试看：

$$形容词＋[\,提示词1|提示词2\,]$$

比如，水母和海马混合在一起会是什么样子？那我们就在文本框输入 beautiful+[jellyfish|hippocampus japonicus]。

生成效果如图 2-6 所示，还是非常"震撼"的。这个功能很有趣，它可以帮助你实现很多的"不可能"。

还有一个更加方便的语法，就是直接在两个主角提示词中间加 AND，也就是写成提示词 1 AND 提示词 2 的形式。

如果将大象和斑马混合会是什么样子？

按照书写格式将大象和斑马的英文单词填进文本框：elephant AND zebra，出图效果如图 2-7 所示。

图 2-6

图 2-7

如果你想要大象的元素更多一点，就可以灵活运用提示词权重，如 elephant:1.5 AND zebra，加上权重值，最后的生成图中就会呈现更偏向大象的形象。

2.2.4 效果渐变

效果渐变，是指先生成一种效果，然后过渡到另一种效果的表达方式。它的书写格式为：[提示词 1: 提示词 2: Num]。当 Num 大于 1 时，表示在第 n 步数发生前提示词 1 有效，第 n 步数发生后提示词 2 有效；当 Num 小于 1 时，表示总步数的 n% 之前为提示词 1 生效，到达 n% 后提示词 2 生效。

2.2.5 注意事项

提示词不是越长越好。

很多人认为，既然是描述，那么提示词写得越多，结果越精确。其实不然，提示词有主次之分，所以我们应当学会在有限的篇幅内，从主要到次要添加可以精准概括要点的简短单词或词组，以便于 Stable Diffusion 精准识别。

- 最重要或者更倾向于主体的词通常应当放在最前面，因为它们是最优先被识别和计算的内容。
- 同类型的词最好放在一起，这样 Stable Diffusion 在识别计算时会同时将它们的作用描述出来，而不是分别计算。
- 在描述细节时，应当注意在准确的同时尽可能保证提示词是必要且简短的，没有意义的词一定不要随意出现在提示词或反向提示词中。
- 强烈推荐将提示词数量控制在 60 至 75 个。

2.3 提示词相关性与随机种子

CFG Scale 是 Classifier Free Guidance Scale 的缩写，我们可以将其理解为"提示词相关性"，如图 2-8 所示。

图 2-8

随机种子（seed）是一个固定随机数生成器输出的值，以相同参数和随机种子生成的图片会得到相同的结果。将随机种子设置为 -1，则每次都会使用一个新的随机数。如果想要固定输出结果，重新用上一次使用的随机种子就会很有用。

概括来说，seed 值有两种，一个是 -1，它会在有效值范围内随机生成结果；另一个则是随机值，也可以手动指定。

单击 seed 值后面的骰子图标可将值还原到 -1，回收图标则表示提取当前生成图的 seed 值，如图 2-9 所示。

图 2-9

关于 seed 值的原理可以做这样一个类比。比如提示词是|flower，seed 值为 -1，要求生成多张图片。Stable Diffusion 接到指令后就会去种子库里抓一把种子去种，结果开出很多品种的花。如果我们很喜欢其中一种，就可以锁定它的 seed 值。再找一颗一样的种子去培养，结果自然跟我们之前种的那个几乎一样。为什么说"几乎"一样？当你尝试用同一个 seed 值多次出图时，你会发现每张图都有细微的差别，而不是完全一样。这是因为其随机算法在起作用，虽然种子是一样的，但是每次培育的时候无法保证浇的水和施的肥都是完全一样的，所以最后的结果总有小小的不同。

第3章

图生图

当你深入探索 AIGC 绘画一段时间后，单纯使用文字进行画面内容约束可能已经无法满足学习和工作需求了。此时，你会想是否可以在一张基本符合构图、色调、内容需求的图片上做一点简单的调整，就得到一张精确得近乎完美的图片？图生图这个功能就派上用场了。

3.1 "图生图"模块基础功能解析

与"文生图"相比,"图生图"模块多了一个图片拖放区域及一些调整图片的参数,如图 3-1 所示,红色选框内是和文生图模块一样的功能,蓝色选框内是图生图模块的独有功能。

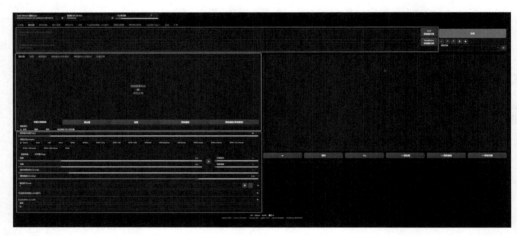

图 3-1

我们从提示词开始看:文生图的基础是提示词,提示词的文本描述决定了生成图的结果;而图生图是在已经有的图片基础上再去生成第二张图,那么这里的提示词针对的是哪张图呢?

图生图的提示词是针对生成图的,但它又会参考原图,这一点需要初学者特别注意,否则就会白费功夫。

如果不会写提示词,则可以用反推(DeepBooru)提示词功能。反推提示词可以生成短句,短句与单词相比优越的地方是,可以描述物品与物品之间的关系,因此,利用反推提示词功能可以很便捷地生成原图的提示词。如果你真想要原图的所有提示词,建议用反推提示词功能,此功能在后面会详细讲解,如图 3-2 所示。不过,DeepBooru 反推提示词功能目前的效果不稳定,暂不推荐使用。

图 3-2

3.1.1 缩放模式

缩放模式是指对生成图的大小进行调整。此模式一共有 4 个参数：拉伸、裁剪、填充和直接缩放（放大潜变量）。在此之前，要注意以下选项的效果。

- **crop and resize:** 裁剪与调整大小，如果输入与输出的长宽比例不同，会对图片比例之外的部分进行裁剪。
- **resize and fill:** 调整大小与填充，如果输入与输出分辨率不同，会从图片中心向四周方向，对比例内多余的部分进行填充。这里的填充是指 Stable Diffusion 会根据图片边缘内容进行扩展绘画，即 outpaint。

◆ 拉伸

拉伸选项只会调整图片大小，如图 3-3 所示。如果原图与生成图长宽比例不同，图片就会被拉伸。

图 3-3

比如，如果新设置的分辨率与原图尺寸不同时，它会在原图尺寸上进行拉伸，但是这就造成了图片的变形。比如原图分辨率为 512 像素 ×512 像素（为了便于读者参考与使用，后文将省略"像素"，写为 512×512），这里我改一下，把分辨率调整为 768×512，如图 3-4 所示。

在缩放模块中注意勾选"拉伸"，出图效果如图 3-5 所示。

图 3-4

图 3-5

可以看到，图片已经变形，并不美观，那么什么时候用拉伸比较好呢？比如，现在我觉得原图中的人物有点胖，我想让她瘦一点，就可以用拉伸试试，分辨率设为512×768，出图效果如图 3-6 所示。

这样就瘦了很多，但其实这样操作并不规范，这里只是举个例子说明拉伸的效果。

◆ 裁剪

这里的裁剪选项（如图 3-7 所示）跟我们平时使用手机处理照片时使用的裁剪是一个意思，就是把图片边框以外多余的部分裁掉。

图 3-6

用鼠标左键按住宽度条上的小圆点，这时原图上就会出现红色的选区，根据需求调整选取范围，如图 3-8 所示，出图效果如图 3-9 所示。和原图相比，两边多余的部分被裁掉了。

图 3-7

图 3-8

图 3-9

◆ 填充

填充选项（如图 3-10 所示），顾名思义就是将图片扩展，此选项可以将图片两边无限拉长，然后配合重绘幅度对背景进行重绘。

这里要注意的是，扩展部分是风景的话，进行重绘填充效果就很好，如果是填充人物，效果就差强人意了。

如果把原图的宽度调整为1024，高度保持512（图3-11），出图效果如图3-12所示。

图 3-10

图 3-11

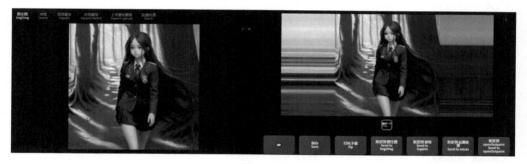

图 3-12

可以看到，背景的两侧被扩展，扩展部分也变得模糊。接下来要配合"重绘幅度"，进行重绘填充。将"重绘幅度"参数调整为0.95，出图效果如图3-13所示。

图 3-13

对比一下生成图与原图，你会发现它们甚至完全不一样了。这里要注意，"重绘幅度"是对整个画面进行重绘，所以主要人物部分也会被重绘。

◆ 直接缩放（放大潜变量）

这个功能其实可以理解为"放大拉伸"，也要配合高重绘幅度对新增部分进行重绘。"直接缩放"选项如图 3-14 所示。与"拉伸"选项所导致的效果不同，拉伸后的图片依然清晰，直接缩放后的图片会变模糊，如图 3-15 所示。

图 3-14

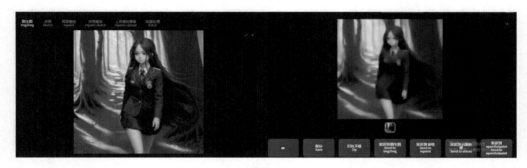

图 3-15

这就解释了为什么"直接缩放"要配合使用"重绘幅度"。

将"重绘幅度"数值拉高，即可获得更大的画面转变，效果如图 3-16 所示。

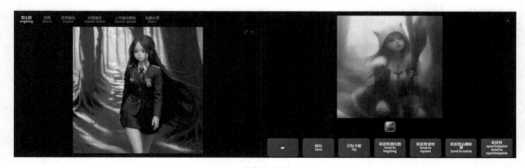

图 3-16

3.1.2 其他功能

我们来到 Web 界面的右下方，生成图的下面除了"保存""打包"等功能，还有一个"图生图"功能（图 3-17），它要怎么用呢？

图 3-17

单击图 3-18 所示的"发送到 图生图"按钮，可以将生成图继续发送到操作界面，循环图生图。注意，如果你对之前生成的图比较满意了，只要做一点点的小改动，那么"重绘幅度"的值就不要设得太大。

图 3-18

当我们把"重绘幅度"设为 0.6 时，生成图只变化了一点点，甚至难以察觉，如图 3-19 所示。

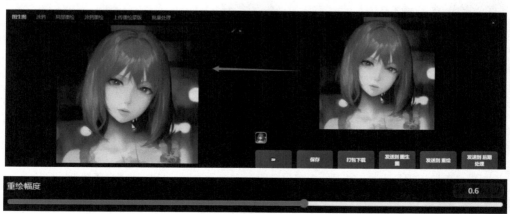

图 3-19

但如果将数值调整至 0.66，最终生成图的风格则发生了巨大的变化，如图 3-20 所示。

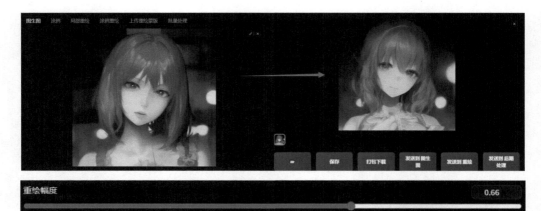

图 3-20

◆ 重绘幅度

通过前面的操作我们不难发现，"重绘幅度"这个功能很重要，它决定了改变原图的幅度。"重绘幅度"为 0 时，代表不改变原图，如图 3-21 所示。

图 3-21

当"重绘幅度"为 0.5 时，生成图与原图没有太大差别，只是画风有所微调，如图 3-22 所示。

图 3-22

当"重绘幅度"为1时，代表图片将完全改变，和原图几乎没有关系，如图 3-23 所示。

图 3-23

为了更好地看到重绘幅度的效果，我们用 X/Y/Z 脚本，做出各个重绘幅度参数下的对比表，效果如图 3-24 所示。

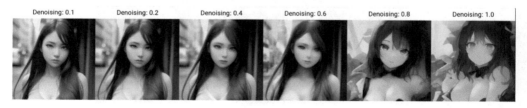

图 3-24

图 3-24（续）

3.2 "涂鸦" 模块

Stable Diffusion 的早期版本中是没有"涂鸦"模块的，后来用户们在使用的过程中反馈，仅通过文本描述或其他参数设置很难实现图片细节的理想结果，因此 Stable Diffusion 在后来的版本中添加了"涂鸦"模块。比如你想在图片上加一朵花或是一个太阳，就可以通过"涂鸦"模块来完成。

> **注意：** 如果以云平台登录使用 Stable Diffusion，"涂鸦"会显示为"绘图"，但只是名字不同而已；同样，"涂鸦重绘"会显示为"局部重绘（手涂蒙版）"；"上传重绘蒙版"会显示为"局部重绘（手涂蒙版）"。

我们先来看看"涂鸦"模块的界面，这里有一个图片拖放区域（图 3-25），你可将需要处理的原图拖入这个区域，如图 3-26 所示。

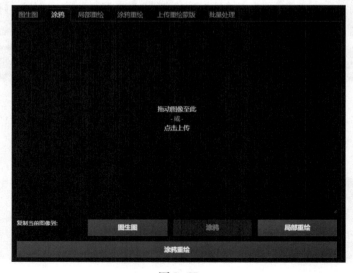

图 3-25

图 3-26

这个模块与"图生图"的不同在于，画面上出现了一个随鼠标飘动的小黑点，这就是画笔。并且界面右上角有两个小工具：一个是调节画笔大小的工具；另一个是调节画笔颜色的工具。

举个例子，比如想让原图中女孩手上拿一支玫瑰，如果直接在文本框输入相关提示词，并拉高重绘幅度后，会发现生成图与想象的有很大差距。为了更明确你的意思，我们在原图上通过"涂鸦"模块先画出一朵玫瑰雏形（图 3-27），然后加上提示词：1cute girl, holding a rose。

图 3-27

注意,如果你不想让生成图与原图有太大差别,在"重绘幅度"这里就不要一下设得太高,可以一点点调整,这样一来,生成的效果就不会过于颠覆,如图 3-28 所示。

图 3-28

这一次 Stable Diffusion 好像"听懂"了,出图效果还不错。"涂鸦"模块就是这样使用的,它可以帮你处理细节。

那么我们更进一步,自己画一张图,是否也可以依据它来生成图? 答案是可以的,下面我们通过例子看一下。

首先在哪里涂鸦? 你可以在原图上直接涂鸦,如图 3-29 所示。如果你不会画画,画笔表达不出你的想法怎么办? 别担心,还有提示词做辅助,在提示词界面中描述清楚就可以了,如: 3 mountains。

图 3-29

在这里，我随手画了一座大山、一间小房子和一个红色的太阳，将"重绘幅度"设为 0.95，并增加了相关提示词：2 big mountains with ((1small gray houses on the hills)), (((red sun))), blue sky，如图 3-30 所示。

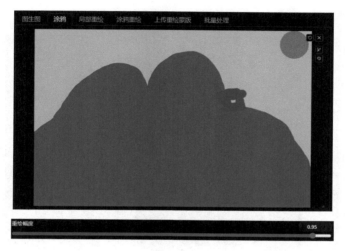

图 3-30

随后，为了能更快地生成出你所希望的图片，我们可以调节一下生成批次，一次生成多张图，接下来就让我们看看出图效果吧，如图 3-31 所示。

图 3-31

通过以上操作，我们发现"涂鸦"模块还是很好用的，随便画上几笔就能在几秒钟内生成你预期的画面。

3.3 "局部重绘"模块

"局部重绘"就更好理解了，即在局部涂鸦并在局部重新绘制图片。图 3-32 所示的就是局部重绘的界面。

图 3-32

与"涂鸦"模块不同，"局部重绘"模块多了一些控制蒙版内容的参数，如图 3-33 所示。

图 3-33

蒙版的作用是选定需要重绘的区域。因此，局部重绘的操作分为两步：第一步是设置蒙版，第二步是重绘。

我们先来看一个重要的参数"蒙版边缘模糊度"，如图 3-34 所示。

蒙版边缘模糊度   4

图 3-34

当我们把原图拖进"局部重绘"区域，右上角也有一个调节画笔大小的工具，你会发现无论用它画哪里，都是一片黑色，这就是蒙版。蒙版遮盖的区域就是需要重绘的区域，这里我们先看下"蒙版边缘模糊度"的作用。当我们将人物脸部涂完之后，把"蒙版边缘模糊度"的值调整为 1，图 3-35 展示了重绘的过程和效果。

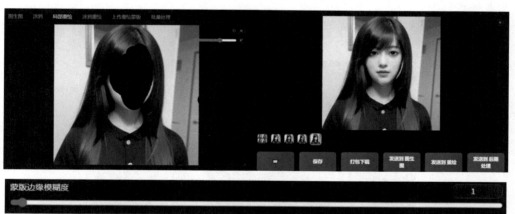

蒙版边缘模糊度   1

图 3-35

糟糕，人物脸部蒙版边缘就像鸡蛋壳一样僵硬，为此，我们试着把这个值提高，结果如图 3-36 所示，人物的脸部看起来自然多了。

图 3-36

所以我们得出结论，"蒙版边缘模糊度"的值越大，蒙版边缘与原图的过渡就越平滑，值越小，则边缘越锐利。

接下来，再介绍几个重要的参数。

◆ 蒙版模式

蒙版模式（图 3-37）包含"重绘蒙版内容"和"重绘非蒙版内容"两个用法（选项）。

"重绘蒙版内容"的界面以及原图如图 3-38 所示。

图 3-37

图 3-38

现在要改变这张脸，就把脸的部分用蒙版涂起来，将"重绘幅度"的值提高，由此生成的效果如图 3-39 所示。我们看到，只有脸部涂黑的区域改变了，相当于这个人物成功地换了一张脸，这就是重绘蒙版的功能。

图 3-39

我们再来看看"重绘非蒙版内容"是什么意思。还是使用前面的人物原图，继续把脸涂黑，然后在蒙版模块选项中选择"重绘非蒙版内容"，"重绘幅度"的值保持不变，设置与出图效果如图 3-40 所示。

图 3-40

与原图对比，人物的脸部没有变，其他地方，比如背景、衣服款式、头发颜色都改变了。由此可知，"重绘蒙版内容"的作用范围就是被涂黑的部分，"重绘非蒙版内容"的作用范围是没有涂黑的区域。

3.4　"涂鸦重绘"模块

既然已经有了"局部重绘"功能，那么"涂鸦重绘"模块的意义在哪儿？它有什么不可替代的优点么？

注意，前面已经提过，如果以云平台登录使用 Stable Diffusion，"涂鸦重绘"会显示为"局部重绘（手涂蒙版）"，它们仅仅是显示不同，而功能是相同的。

假如你想给图片中的人物换一套衣服，该怎么办呢？这就用到了"涂鸦重绘"模块。先把原图拖入界面，此时就能看到右上角有和涂鸦模块一样的工具，调整好画笔大小及画笔颜色，就可以在原图上涂鸦了，如图 3-41 所示。

图 3-41

这时候，光涂鸦还不够，还要添加一些提示词：dress, pink buttons, yellow belt。这样更有助于你获得贴近理想的生成结果，其他参数设置与出图效果如图 3-42 所示。

很幸运，最后的结果向着我们所期望方向的发展。

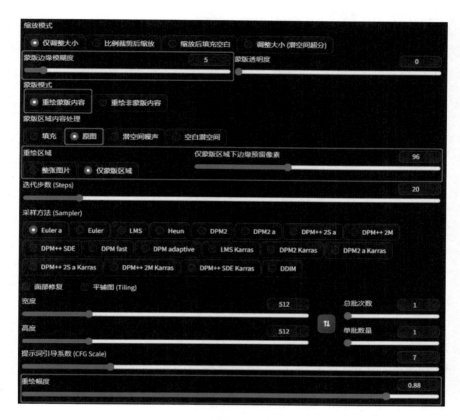

图 3-42

　　"涂鸦重绘"背后的逻辑其实和"图生图"是一样的，也就是修改原图的部分像素来生成新的图片。

"局部重绘"和"涂鸦重绘"的差别就在于"蒙版透明度",如果你只想在原图的基础上调整或添加元素,或进行细节的改变,就可以用"蒙版透明度"来辅助。一般情况下将其设为 0,需要用到的时候就可以把它的值提高,设置与出图效果如图 3-43 所示。

图 3-43

既可以看到原图中衣服的样子,又可以看到我们涂鸦的内容,这样继续修改就可以了。注意,将透明度拉到 100 时,计算机会报"数值错误"。

3.5　"上传重绘蒙版"模块

利用"涂鸦重绘"可以给图片中的人物换衣服,接下来要介绍的"上传重绘蒙版"这个功能就更方便了。有了它,我们甚至不用去涂涂画画。但是要使用此模块,需要你掌握一些基本的 Photoshop 使用技巧。

如果以云平台登录使用 Stable Diffusion,"上传重绘蒙版"会显示为"局部重绘(手涂蒙版)"。它们仅仅是显示不同,而功能是相同的。

观察"上传重绘蒙板"的界面就会发现,它有两个图片拖放区域:一个是原图上传区域,另一个是蒙版上传区域。比如我们要给图片中的人物换衣服,那么要先将图片导入"涂鸦重绘"的原图上传区域,再把它导入 Photoshop 软件,找到磁性套索工具对衣服进行选取,如图 3-44 所示。

图 3-44

选取好后，用填充工具对衣服进行黑色填充，如图 3-45 所示。

图 3-45

将图片做成黑白蒙版后进行保存，再将该图片上传至蒙版上传区域，如图 3-46 所示。

图 3-46

黑白蒙版上传好后，我们还要当心一个"小陷阱"：在"局部重绘"中，我们所画的内容就是蒙版，但在 Photoshop 中正好相反，没有填充的部分才是蒙版。所以这里要注意参数的勾选，如果是给人物换衣服，那蒙版模式就要选择"重绘非蒙版内容"，如果是衣服不变，其他地方需要改变，就要选择"重绘蒙版内容"。

然后我们酌情增加一些提示词：high quality, masterpiece, 8k, high definition, fashion1girl wearing red dress，设置与出图效果如图 3-47 所示。

人物变装完成，而且只有衣服变了，其他内容都没有改变。如果你之前不小心选择了"重绘蒙版内容"选项，你会发现图片中只有衣服没变，其他内容都变了，这一点要特别注意。

图 3-47

第4章

Stable Diffusion 脚本功能

Stable Diffusion 脚本功能，可以辅助用户高效轻松地获得生成图的参考信息；也可以通过批量生成对比，总结筛选出最理想的生成结果；还可以通过 LoRA 模型对人物、服装或动作生成精确生动的复刻图，极大地提高图片生成效率和准确性。

4.1　X/Y/Z 图表

图 4-1 所示的脚本是一个非常直观的对比图。当你需要对比不同提示词、提示词顺序、模型、各项参数生成图的差异时可以用它。

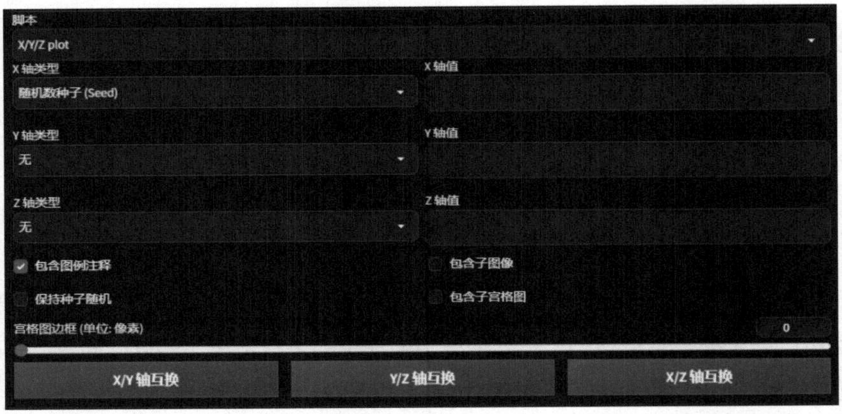

图 4-1

脚本中有 X 轴类型、Y 轴类型和 Z 轴类型这三种类型，X 轴是横向的展示数据，Y 轴是纵向的展示数据，Z 轴则是将 X 轴和 Y 轴组合展示的图片再分组展示。

图 4-2 所示的内容是我们可以去对比的类型。

图 4-2

如果想对比迭代步数下的出图效果，首先找到 X 轴，轴类型选择"迭代步数"，对应的 X 轴值写入：2,4,6,8,10，设置与出图效果如图 4-3 所示。

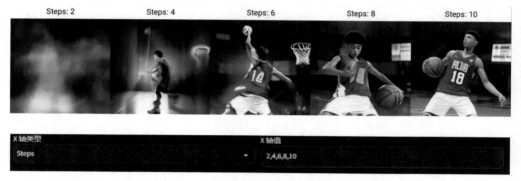

图 4-3

这里依次展示了迭代第 2 步、第 4 步、第 6 步、第 8 步和第 10 步的出图效果。

同时，如果还想对比一下提示词权重产生的影响，首先在文本描述框里写好提示词的权重：high quality, masterpiece, 8k, high definition, fashion.a boy, (playing basketball:0.6)。

然后在 Y 轴类型中选择"提示词搜索 / 替换"（图 4-4）。

√提示词搜索/替换

图 4-4

最后，在 Y 轴值写入这些要对比的权重：(playing basketball:0.6), (playing basketball: 0.8), (playing basketball:1), (playing basketball:1.2), (playing basketball:1.4)，出图效果如图 4-5 所示。

通过图形我们很快就能看出，在提示词 playing basketball（打篮球）这个动作权重为 0.6 的时候，第 2 步的生成图是什么样子，第 8 步的时候又是什么样子，从而方便你选择符合预期的图片。

最后再看一下 Z 轴。Z 轴是将 X 轴和 Y 轴组合的一个图片再分组展示。为了更好地观察，这里把 X 轴值和 Y 轴值都改成了 2 个，如图 4-6 所示。

Z 轴对比的是不同模型下的不同效果，出图效果如图 4-7 所示。

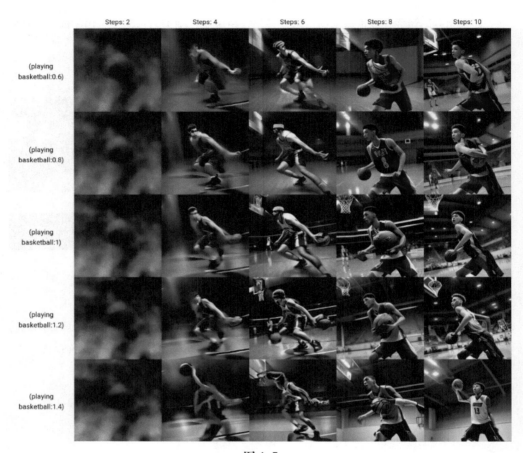

图 4-5

图 4-6

图 4-7

这样我们就能清晰地看出不同模型下的图片效果。这就是 X/Y/Z 图表，一款很直观的对比工具。此外，还有几个参数设置（图4-8），具体含义如下。

- **包含图例注释：** 如果不勾选，生成图周围就没有文字注解，这样不方便去做图片对比。一般情况下都会保持勾选。
- **保持种子随机：** 勾选后，每张图片都将是一个随机种子图。需要的时候再勾选。
- **包含子图像：** 勾选此选项之后，X轴和Y轴除了生成一组对比图，还会生成单张图片，即组合图加组合图中独立出来的单张图片。
- **包含子宫格图：** 这是将最后的Z轴生成的一组组合图分成两组组合图。
- **宫格图边框：** 这是图片边框，如果不勾选，组合图是没有边框的。值越高，边框越粗。

图 4-8

4.2 提示词矩阵

当你需要测试提示词对画面是否有影响的时候，就要用到 Prompt matrix（提示词矩阵）。

用"|"符号分隔多个提示词，形式如：A|B|C，程序会将它们的每个组合生成一张图片。

A、B、C 分别代表一组提示词，每组提示词之间都用竖线分隔。第一个竖线前的 A 是固定词，代表着第一组提示词作为固定内容存在，每张图片都会包含 A 的内容。第一个竖线后的所有内容都是提示词组合的变化词，也就是说，B 和 C 都是提示词的变化词，这些变化词之间也是用竖线分隔的，比如：The bustling streets in winter|sunrise|night。其中，The bustling streets in winter（冬日里熙熙攘攘的街道）是固定词，相当于 A。竖线分隔了两个变化词 sunrise（B）和 night（C），其他参数不变，出图效果如图 4-9 所示。

图 4-9

为什么生成图里有 4 张图片？我们还是用字母来解释比较清楚：

The bustling streets in winter(A)|sunrise(B)|night(C)。

左上是 A 内容 :The bustling streets in winter。

右上是 AB 结合的内容 :The bustling streets in winter, sunrise。

左下是 AC 结合的内容 :The bustling streets in winter, night。

右下是 ABC 结合的内容 :The bustling streets in winter, sunrise, night。

所以，提示词矩阵可以帮助我们很轻松地发现某个或者多个提示词对生成图的影响，然后从中选取自己最满意的图片。

下面还有几个参数设置，我们简单看一下（图 4-10）。

图 4-10

- **把可变部分放在提示词文本的开头：** 勾选后，每张图的提示词 A 都放在了变化词的后面，也就是说提示词越靠前，它的权重就越高。所以如果你想让可变部分内容比较明显地显示出来，就可以勾选这个选项。
- **为每张图片使用不同随机种子：** 勾选后，它就会为每张图片使用不同的随机种子。
- **选择提示词：** 你的脚本运用的是正向提示词中的内容还是反向提示词中的内容。我们上面的举例内容用到的是正向提示词内容，所以选中"正向"就可以了，否则选择"反向"。
- **选择分隔符：** 设定提示词使用逗号分隔还是空格分隔。
- **宫格图边框：** 设置对比图之间的间隔，数值越大，图片之间的间隔线越粗，如图 4-11 所示。

图 4-11

4.3　批量载入提示词

当你需要批量生成多组提示词的时候，可以使用这个功能。首先要注意的是，批量载入提示词中的"提示词"不是只有描述生成图内容的正反向提示词，它还包含完整的生成图片的步骤下的所有参数的"提示词"，我们可以通过这个脚本完成不同数值下的批量出图。

当然，它也遵循一定的规范：--prompt"提示词"空格 -- 参数数值（步数/宽度/高度/采样方法等参数值）。例如 --prompt"a cute girl, blue hair, white hat"--seed 20。

注意，每组提示词需要用英文引号括起来。每一组提示词都以 --prompt 开头，如果这组提示词后面还有参数设置，就顺着同一行写下去，并用空格加两个短线符号（--）隔开。图片是以行为单位的，一行就是一张图。了解了这些注意事项，我们先来生成 4 张图试试看。

--prompt "a cute girl,blue hair,white hat"

--prompt"A boy playing basketball" --negative_prompt"pink,fat,bad feet,cropped,poorly drawn hands,poorly drawn face" --width 768--height 1025--sampler name"DPM++2M Karras" --steps10--batch_size 2 --cfg_scale 3 --seed 9

--prompt "photo of winter city" --steps 7 --sampler_name "DDIM"

--prompt "photo of winter city" --width 1024

把这些参数导入"提示词输入列表"，每一行提示词会生成一张图片，如图 4-12 所示。

图 4-12

这个脚本的出图效果还是不错的，批量出图大大提高了生产效率。

4.4 图片高清放大

“后期处理”选项如图 4-13 所示，它利用放大算法，让低像素的图片变成高清图片。“后期处理”模块包括单张图片、批量处理和批量处理文件夹 3 个功能。只需弄清楚一个，其他自然就会用了。

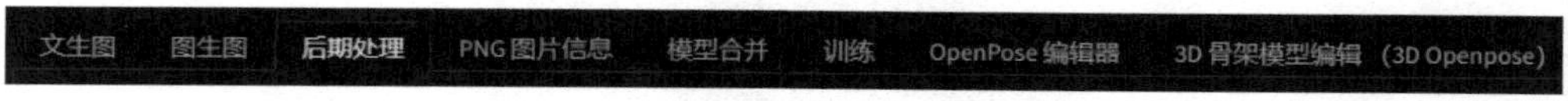
文生图
图生图
后期处理
PNG 图片信息
模型合并
训练
OpenPose 编辑器
3D 骨架模型编辑（3D Openpose）

图 4-13

“单张图片”是指只能拖进一张图片。比如，你有一张产品图片，像素很低，但你又无法重新拍一张，该怎么办？将不太清晰的原图拖进图片拖放区域，将“缩放比例”设为 4，“Upscaler 1”设为 R-ESRGAN 4x+，并将“GFPGAN 可见程度”的数值拉高，如图 4-14 所示。

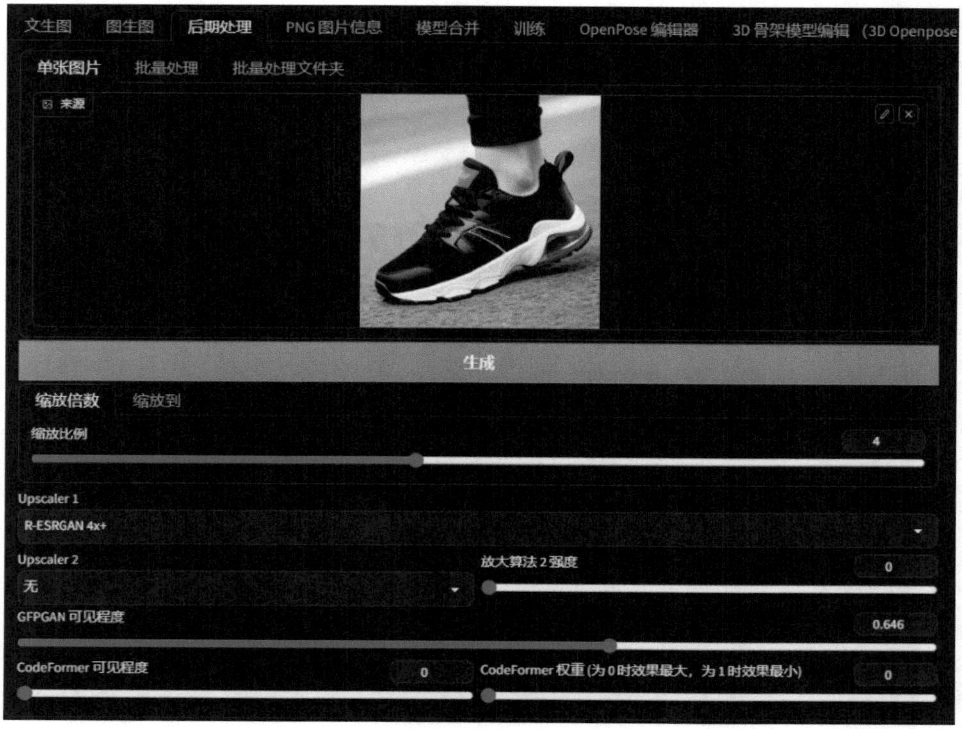
文生图
图生图
后期处理
PNG 图片信息
模型合并
训练
OpenPose 编辑器
3D 骨架模型编辑（3D Openpose
单张图片
批量处理
批量处理文件夹
来源
生成
缩放倍数
缩放到
缩放比例
4
Upscaler 1
R-ESRGAN 4x+
Upscaler 2
无
放大算法 2 强度
0
GFPGAN 可见程度
0.646
CodeFormer 可见程度
0
CodeFormer 权重 (为 0 时效果最大，为 1 时效果最小)
0

图 4-14

单击“生成”按钮，效果如图 4-15 所示，原本不清晰的图片瞬间变得清晰了。

图 4-15

4.5   图片信息提取

只需将已生成的图片拖放到"图片信息"对应的图片拖放区域，即可获得关于该图片的详细信息。在这里可以方便地查看图片的大小、分辨率和文件格式等参数，帮助你更好地管理和使用生成的图片。"图片信息"模块提供了更多操作和控制生成图的选项，如图 4-16 所示。

图 4-16

将图片拖入"图片信息"区域后，图片右方则显示了该图片的各种参数，单击想要进行的下一步操作，如"＞＞文生图""＞＞图生图"，即可把参数导入对应的页面，如图 4-17 所示。

图 4-17

4.6 反推提示词

借助"反推提示词"功能，无须费力思考和组织语言，即可迅速而准确地获取任何图片的提示词。

4.6.1 CLIP 反推提示词

"CLIP 反推提示词"会自动生成自然的句子。我们进入"图生图"模块，导入一张图片，然后单击"CLIP 反推提示词"按钮，即可看到该功能（图 4-18）。

图 4-18

可以看到，提示词输入框内将图片用语言描述了出来（图 4-19）。

图 4-19

4.6.2　DeepBooru 反推提示词

"DeepBooru 反推提示词"可以为图片生成一个一个的提示词，对人物的特征描述比较精准。图 4-20 所示为 DeepBooru 为人物图片生成的一组提示词。

图 4-20

4.6.3 Tag 反推（Tagger）

通过该功能，可以获取任何图片的提示词。将想要了解的图片放入"Tag 反推"对应的拖放区域，借助精细的反推算法进行图片分析，便可得到关于该图片内容的提示词，如图 4-21 所示。

- **预设：** 可以保存参数。
- **反推算法：** 新手掌握 wd15-vit-v2-git 算法，推断得既快又准。
- **阈值：** 举个例子，当你设置的阈值是 38% 的时候，只有大于 38% 的标签会被写在右上角的标签文本框里。

图 4-21

4.7 LoRA 使用技巧

LoRA 是 Low-Rank Adaptation of Large Language Models 的缩写，翻译为大语言模型的低阶适应，这项技术由微软的研究人员开发，旨在解决大语言模型微调的问题。

LoRA 具有出色的复制能力，可以准确地复制指定人物或物品的特征，包括脸部表情、手势和细节等。只需应用 LoRA 技术，就可以相当精确地实现对特定人物或物品的复制。

说到这里，肯定有熟悉 Stable Diffusion 的读者会问：LoRA 和 Embedding 有什么区别？Embedding 文件通常只有几 KB 到几十 KB，而 LoRA 文件则为几十 MB 到几百 MB。相比之下，LoRA 的数据传输量远远超过 Embedding，并且通过实践也可证明，其效果也更出色。

在到目前为止的实践中，我们发现 Embedding 善于还原动漫人物或者展示三视图和多视图。而在还原真实人物方面，LoRA 更在行。

4.7.1　下载、安装与选择 LoRA

可以在 Stable Diffusion 启动器页面或模型网站上搜索并下载 LoRA，然后将 LoRA 文件放置于本地 Stable Diffusion 根目录下的 models\LoRA 目录中，之后请刷新网页以开始使用所需的 LoRA 功能。具体的下载与配置方法，这里不再赘述。

接下来，单击界面上的"显示附加网络面板"按钮，打开一个新面板，如图 4-22 所示。

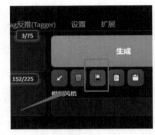

图 4-22

在该面板中，可以选择你所需的 LoRA（个别界面显示为 Lora，为保持全文统一，后面仍然使用 LoRA 的规范写法），如图 4-23 所示。

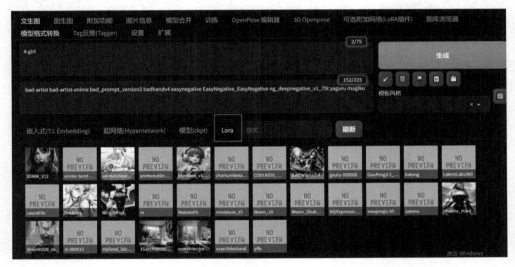

图 4-23

4.7.2　LoRA 使用小窍门

1. 用 LoRA 配套的大模型效果更好

图 4-24 所示为同一个 LoRA 在相同参数下使用不同的大模型所得到的效果对比。可以发现，不同的大模型会对结果产生很大的影响。

图 4-24

LoRA： Moxin_10

提示词： shukezouma, negative space, shuimobysim, 1girl, <LoRA:Moxin_10:0.8>, (masterpiece, best quality:1.2)

采样迭代步数： 30

采样方法： Euler a

2. 正确设置 LoRA 使用权重

权重的大小对于出图效果会产生直接的影响。如图 4-25 所示，当使用水墨风格的 LoRA 算法时，从左到右随着权重值的逐渐减小对图片的影响也逐渐减弱，生成图逐渐失去水墨风格的特征。为了提高生成图的质量，建议将 LoRA 的数值设置为 0.8 ～ 0.9，而不是 1。如果只想保留一些 LoRA 特征，将 LoRA 的数值设置在 0.5 ～ 0.6 即可。

图 4-25

3. 一定要使用触发词

为了让 LoRA 的出图效果更理想，可以将触发词添加到提示词栏。触发词通常由该 LoRA 的作者提供，并在"下载"（Download）按钮下方列出。添加触发词可以帮助 LoRA 更好地理解你的输入，并生成更准确的结果。在使用 LoRA 时，找到适合你的触发词，是获得最佳效果的重要步骤之一，如图 4-26 所示。

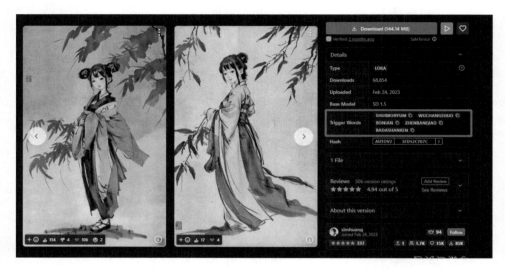

图 4-26

LoRA： Moxin_10

提示词： 1girl<LoRA:Moxin_10:0.7>shuimobysim, wuchangshuo, bonian, zhenbanqiao, badashanren

采样迭代步数： 20

采样方法： Euler

第5章

插件使用详解

> ControlNet是一个非常重要的扩展插件，通过它便可以轻松"复制"构图、轮廓、人物姿态与表情等图片信息。我们要如何用好它呢？在这一章，我们将重点学习和掌握各个参数的作用。

5.1　ControlNet 插件与模型安装

　　插件与模型的安装这里不再赘述，遇到技术难题的读者可以加入我们的学习群，我们可以帮助你针对自己的软硬件设置情况进行安装。

　　模型有两类：模型文件的扩展名为 .pth，yaml 文件的扩展名为 .yaml。你需要将下载的 这 两 类 模 型 文 件 放 入 Stable Diffusion\extensions\sd-webui-ControlNet\models 文件夹，如图 5-1 所示。

| control_v11e_sd15_ip2p.pth | pickle | 1.45 GB LFS ↓ |
| control_v11e_sd15_ip2p.yaml | | 1.95 kB ↓ |

图 5-1

　　然后选择：扩展→已安装→应用并重启用户界面，如图 5-2 所示，就可以在"文生图"模块找到相关选项了，如图 5-3 所示。

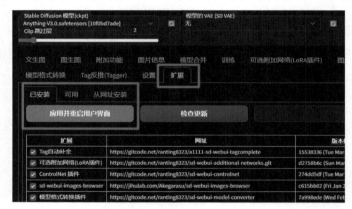

图 5-2

图 5-3

5.2 ControlNet 参数详解

ControlNet 界面在"文生图"模块界面的下方，滚动鼠标即可找到，它包含了诸多参数，可用来实现你想要的各种效果。下面我们优先介绍相对实用或容易用错的参数，如图 5-4 所示。

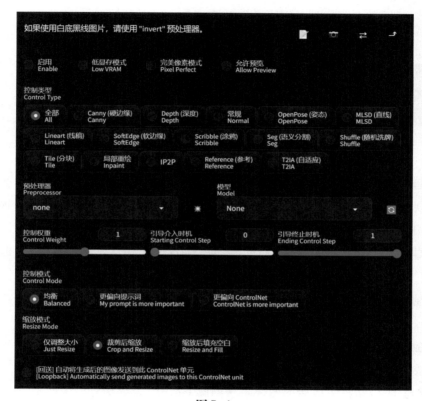

图 5-4

启用： 单击"生成"按钮时，将会实时通过 ControlNet 引导图片生成，否则不生效。

低显存模式： 如果你的计算机显卡内存小于 4GB，建议勾选此选项以提升图片显示效果。

完美像素模式： 自动匹配最适合的图片像素比例，以确保能够获得最佳效果。

允许预览： 勾选此选项可以查看预览效果。

控制类型： 此选项一共有 15 个子项，分别对应相应的预处理器和模型，实现不同的生成效果。

预处理器： 对图像进行预处理。

　　模型： 将预处理的图片在对应模型下进行控制出图。预处理可以为"空"（none），但是一定要有模型。

　　控制权重： 代表使用 ControlNet 生成图片的权重占比影响。图 5-5 所示为不同权重参数下 ControlNet 预处理图片特征对图片的影响，权重越高，影响越大，但过高反而会形成拉扯，导致人体造型不协调。通常将权重参数设置在 0.6 ～ 1.1 就够用了。

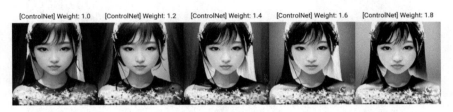

图 5-5

　　引导介入时机： 首先要了解的是生成图的步数功能。步数代表生成一张图片要刷新计算多少次，设为 0 即代表 ControlNet 从第一步就影响图片，设为 0.1 即代表 ControlNet 从第 10 步才开始影响图片。

　　引导终止时机： 和"引导介入时机"相对，如设置为 0.9，则表示第 90 步就退出，默认为 1。

　　控制模式： 此选项包括"均衡""更偏向提示词"和"更偏向 ControlNet"，控制提示词和 ControlNet 对生成图的影响。

　　缩放模式： 此选项包括"仅调整大小""裁剪后缩放"和"缩放后填充空白"，用于调整生成图变化尺寸后的效果。

　　［回送］自动将生成后的图像发送到此 ControlNet 单元： 将生成的结果作为 ControlNet 输入，用于多轮次迭代。

5.3　线条约束

5.3.1　Canny（硬边缘）

　　"Canny"算法用于对图片进行边缘检测，从而提取出图片的线稿。它有两个预处理器，一个是 canny（硬边缘检测），另一个是 invert（白底黑线反色），如图 5-6 所示。

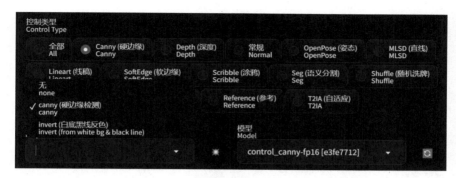

图 5-6

Canny 主要用于精准识别输入图像的边缘信息，从而提取图片的线稿。我们来看一个案例。

在"文生图"中，可以通过以下步骤优化图文处理过程。首先，将图片拖放到 ControlNet 中，接着单击"启动"并在"预处理器"选项中选择"canny"。然后单击"预览"预处理模型，即预处理器右侧的红点。在右侧区域，你将看到原图的边缘信息——黑色背景与白色线条的线稿。这些边缘信息确定了画面的轮廓特征，如图 5-7 所示。

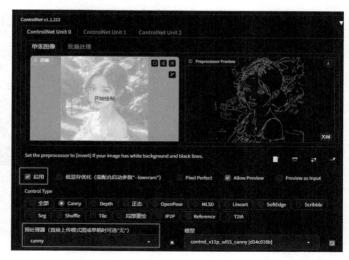

图 5-7

然后我们选择模型"braBeautifulRealistic_brav5"，参数设置如图 5-8 所示。

图 5-8

单击"生成"按钮，得到图 5-9 所示的效果。

图 5-9

正向提示词： 1girl, smile

反向提示词： ng_deepnegative_v1_75t, (badhandv4:1.2), (worst quality:2), (low quality:2), (normal quality:2), lowres, bad anatomy, bad hands, ((monochrome)), ((grayscale)) watermark, moles

采样迭代步数： 40

采样方法： DPM++ 2M Karras

使用 Canny 算法可以精确还原原图中的线条，填充色块是根据预处理后的线条生成的，它的优势在于还原图片的整体细节特征，并给用户带来更多控制感。Canny 算法保留了原图的一部分信息，使生成图更加"原汁原味"。同时，它通过边缘检测保留了原图的边缘信息，使生成图具有相同的边缘特征。可以说图片的边缘就像线稿，而 Canny 算法的作用则是将线稿渲染成实际的图片。

在 ControlNet 中，invert 可以理解为"反转"或"反向"。默认情况下，ControlNet 将白色视为线条，将黑色视为背景。然而，线稿大多数是黑色线条和白色背景，因此我们上传线稿图片时，可以直接使用 invert 预处理器，将线稿图片反转，使其变成系统可以识别的线稿，如图 5-10 所示。

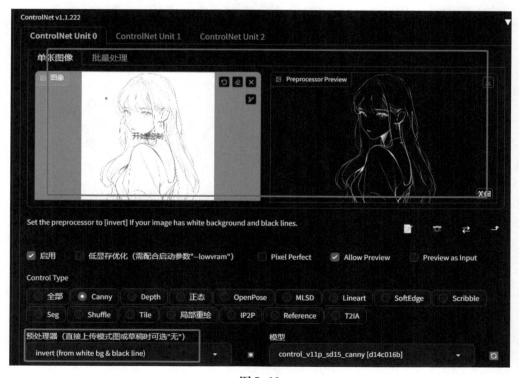

图 5-10

5.3.2 SoftEdge（软边缘）

SoftEdge 和 Canny 算法一样，都是边缘检测算法。打个不那么恰当的比方：Canny 算法可理解为将图片中的元素提取为清爽的铅笔线条，适合生成棱角分明的图片；而 SoftEdge 算法则可以将图片中的元素提取为柔和的毛笔线条，适合生成柔和细腻的图片，如图 5-11 所示。

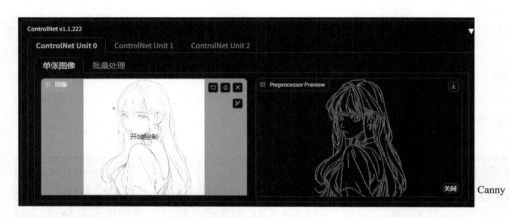

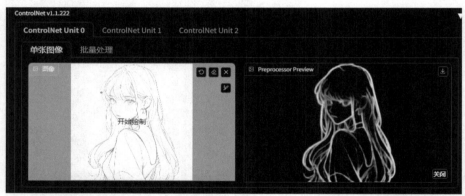

图 5-11

SoftEdge 算法有 4 个预处理器：SoftEdge_hed、SoftEdge_hedsafe、SoftEdge_pidinet 和 SoftEdge_pidinet_safe。

图 5-12 所示为分别应用 4 种预处理器的出图效果：SoftEdge_hed_safe 的细节和边缘处理要相对硬一点，SoftEdge_pidinet_safe 的效果最为柔和，SoftEdge_pidinet 和 SoftEdge_hed 细节最为丰富，但是 SoftEdge_hed 要比 SoftEdge_pidinet 柔和。

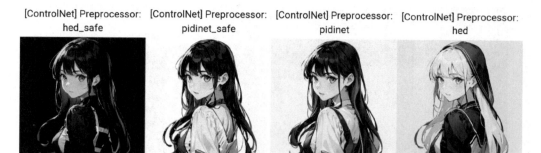

图 5-12

5.3.3 MLSD（直线）

MLSD 算法在建筑领域应用广泛，一旦拖入一张建筑图片，它能够准确地检测出建筑物的结构线条，从而呈现清晰的图片。然而需要注意的是，MLSD 仅适用于直线检测，无法识别和捕捉曲线，这就导致了画面中的人物、动物等元素可能会被忽略。

我们先准备一张建筑图片，利用 MLSD 进行预处理，生成效果如图 5-13 所示。

图 5-13

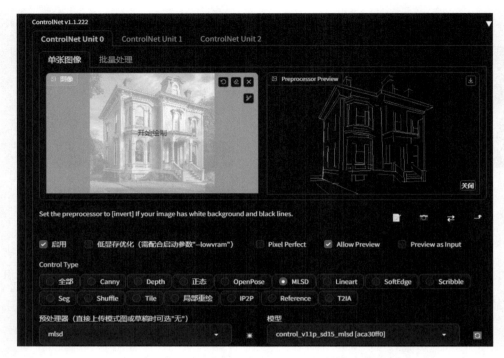

图 5-13（续）

以这种方式处理图片，极好地保留了原图中直线线条的特征。如果你是建筑师或室内装修从业者，可以使用这种算法提取图片特征，并生成一个非常相似的场景。

5.3.4 Lineart（线稿）

Lineart 算法是在 ControlNet 1.1 版本中更新的功能，它的特点是根据实际应用的场景，分别提取边缘轮廓，它比 Canny 的泛用性更强，比 SoftEdge 有更强的约束性，主要应用在线稿生成和线稿上色。它对边缘轮廓的提取效果要比 Canny 和 SoftEdge 更加优秀，如图 5-14 所示。

图 5-14

Lineart 有 5 个预处理器，分别对应不同的使用场景（图 5-19）：lineart_anime（动漫线稿提取）适合动漫线稿的提取；lineart_anime_denoise（动漫线稿提取–去噪）适合动漫线稿的提取，并且具有一定自由度；lineart_coarse（粗略线稿提取）拥有更多的变化；lineart_realistic（写实线稿提取），适合写实线稿的提取；lineart_standard（标准线稿提取 - 白底黑线反色）是一个常规版本，通用性比较强。

5 种预处理器的线稿提取特点对比如图 5-15 所示。

不同预处理器的出图效果对比，如图 5-16 所示。

lineart_anime（动漫线稿提取）

图 5-15

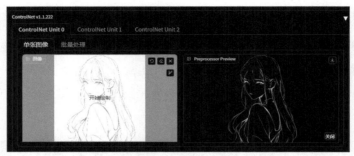

lineart_anime_denoise（动漫线稿提取–去噪）

lineart_coarse（粗略线稿提取）

lineart_realistic（写实线稿提取）

lineart_standard（标准线稿提取–白底黑线反色）

图 5-15 （续）

图 5-16

5.3.5 Scribble（涂鸦）

使用 Scribble 时，提取的线条会更加粗略，因此画面的发挥空间更大，如图 5-17 所示。

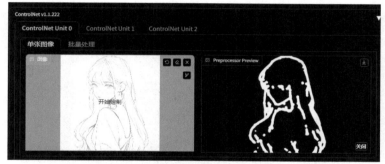

图 5-17

可以看到，经过"涂鸦"算法的处理，生成图的人物造型有了很多的变化，容易带来意想不到的效果。

"涂鸦"算法有 3 个预处理器，分别是 scribble_hed（涂鸦-合成）、scribble_pidinet（涂鸦-手绘）和 scribble_xdog（涂鸦-强化边缘）。其中，scribble_hed 与 scribble_pidinet 的效果差不多，

scribble_xdog 线条提取的精细度更高，类似于 Canny，但现在来看，效果没有 Canny 好，因此并不是很常用，如图 5-18 所示。

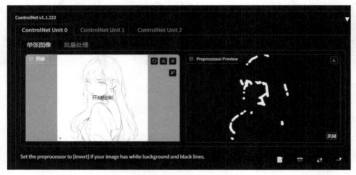

scribble_hed（涂鸦—合成）

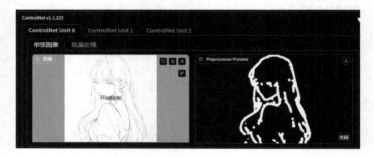

scribble_pidinet（涂鸦—手绘）

scribble_xdog（涂鸦—强化边缘）

图 5-18

不同预处理器的出图效果对比，如图 5-19 所示。

[ControlNet] Preprocessor: [ControlNet] Preprocessor: [ControlNet] Preprocessor:
scribble_hed scribble_xdog pidinet_scribble

图 5-19

5.4 深度约束

　　"深度约束"在于解决物体前后关系的问题。例如，在具有空间感和透视效果的图片中，需要利用深度约束来提取其景深特征，以确定画面前景和背景之间的关系。

　　通过对具有透视关系的图片进行景深预处理，可以获取该图片的景深特征。

　　比如，我们准备一张有前后关系的图片，利用 Depth 算法进行预处理，可以看到原图中前后关系被识别了出来，如图 5-20 所示。

图 5-20

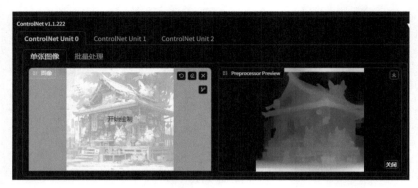

图 5-20（续）

　　Depth 算法有 4 个预处理器：LeReS、depth_leres++、depth_midas 和 depth_zoe。

　　它们的区别在于对深度信息、物品边缘的信息提取程度不一样。LeReS 深度信息估算效果比较常规，depth_leres++ 呈现的细节更多，depth_midas 的明暗对比度更高，depth_zoe 识别的主体与背景的对比更强，如图 5-21 所示。

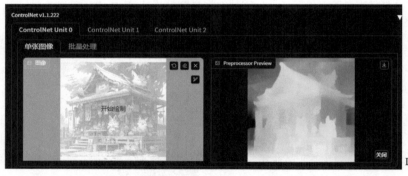

LeReS

depth_leres++

图 5-21

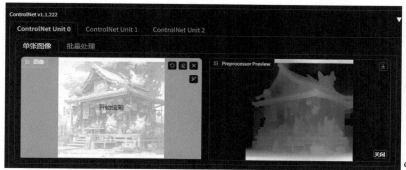

depth_midas

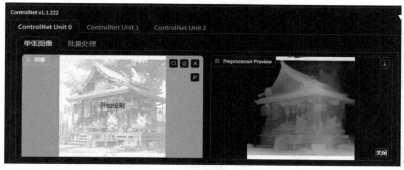

depth_zoe

图 5-21（续）

不同预处理器的出图效果对比，如图 5-22 所示。

图 5-22

5.5 法线约束

法线约束是一种提取物体轮廓特征和表面凹凸信息特征的算法，如图 5-23 所示，通过使用预处理器，我们可以清楚地观察到它在获取凹凸特征方面的良好效果。

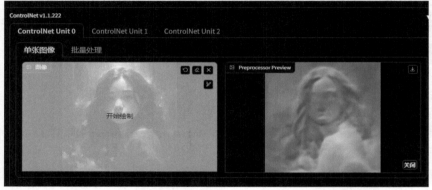

图 5-23

　　法线约束算法有两个预处理器：normal_bae 很常用，normal_midas 不是很常用，效果也不是很好，很可能会在后续版本中被淘汰。

5.6　色彩分布约束

　　色彩分布约束是指通过读取原图中元素颜色块的分布情况来获取特征信息，从而生成图。

　　T2ia 算法包含 3 个预处理器：如果需要进行色彩分布约束，选择 t2ia_color_grid，图片的色彩特征就被提取出来了，调整完参数后单击"生成"按钮，出图效果如图 5-24 所示。

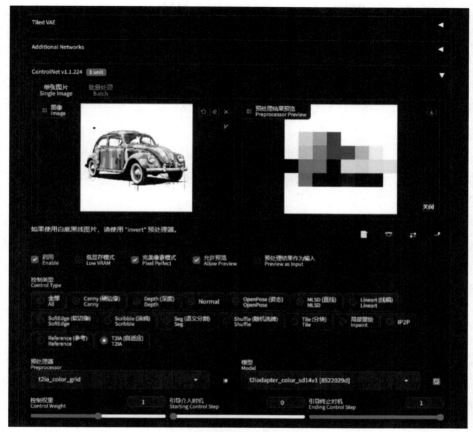

图 5-24

t2ia_sketch_piDi（自适应手绘边缘处理）预处理器会将图片提取为线稿模块，但出图效果不佳，不提也罢。

t2ia_style_clipvision（自适应风格迁移处理）预处理器可以把某一个图片的风格迁移到生成图上。但实际操作下来，效果也不理想。毕竟"风格"是抽象的，没有办法量化。

5.7　姿态约束

在 ControlNet 还没有出现的时候，提示词和 LoRA 都可以用来规定图片中人物的动作，但是它们都有一个根本性的缺点，就是人物动作的生成非常不明确，不能完全实现你想要的姿态。

随着 2023 年 3 月 ControlNet 的更新，它迅速风靡了整个 Stable Diffusion 圈子。

OpenPose 是一种姿态检测算法，能够从图片中提取人体的关键点位置，形成一种类似于火柴人的姿态图片。

OpenPose 能够检测人体关键点，例如头部、肩部、手部等，同时不改变服装、发型和背景等其他细节，这个功能对于复制人体姿态非常有用。OpenPose 既能把这个姿态固化，又能让多张图生成的动作保持在同一个姿态。这样一来，它就有了非常多的应用场景，如生成肖像、模特产品图等。

本节会详细介绍 OpenPose 所包含的 5 种预处理器以及自主生成姿态的方法。

其中，openpose_full（OpenPose 姿态）用于调整眼睛、鼻子、眼睛、脖子、肩膀、肘部、手腕、膝盖和脚踝；openpose_hand（OpenPose 姿态及手部）则关注手和手指；openpose_faceonly（OpenPose 仅脸部）仅调节面部细节；openpose_face（OpenPose 姿态及脸部）注重整体与面部姿态与细节的协调处理；openpose_full（OpenPose 姿态、手部及脸部）在 OpenPose 的基础上也注重手、手指以及面部细节。

5.7.1　openpose(OpenPose 姿态)

当使用 OpenPose 处理人物图片时，它能够准确地捕捉到人物的姿态特征，并生成火柴人图形。通过这种方式，你可以非常精细地规定姿态。此外，仔细观察可以发现，火柴人图形的左右部分颜色不对称，左边为黄色，右边为绿色。通过这种方式，你能够清楚地区分人物的正反面，如图 5-25 所示。然而，该骨架图并不包含完整的信息，它没有提取脸部表情和手部特征，这是目前的局限之一。

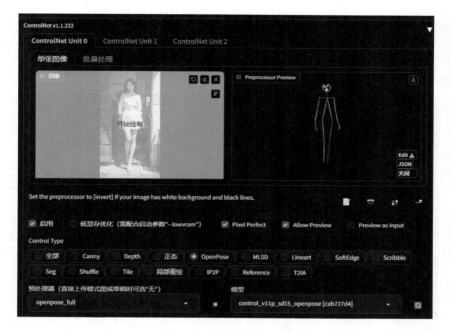

图 5-25

5.7.2　openpose_hand（OpenPose 姿态及手部）

openpose_hand 用于检测人物姿态和手势。与原始姿态进行对比，生成的图片在一定程度上还原了手部的动作，如图 5-26 所示。

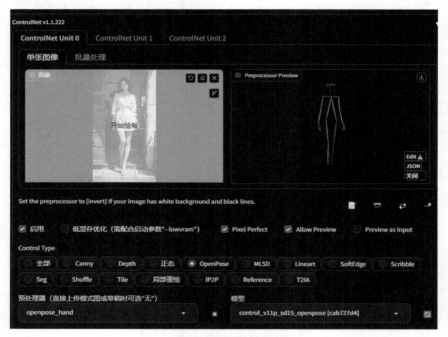

图 5-26

5.7.3 openpose_faceonly（OpenPose 仅脸部）

openpose_faceonly，从名字上就可以看出，它只对脸部特征进行检测。它定位了脸部的方向和五官的分部，以及具体脸型。经过预处理的图片，人物脸部特征被还原，其他内容随机变化，如图 5-27 所示。

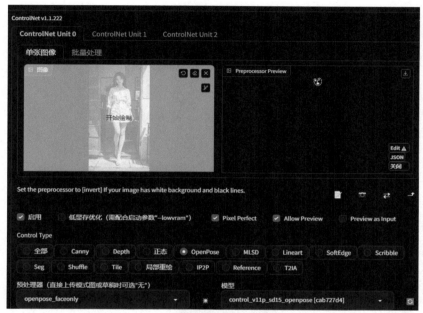

图 5-27

5.7.4　openpose_face(OpenPose 姿态及脸部)

在姿态检测的同时 openpose_face（OpenPose 姿态及脸部）增加了脸部特征的检测，可以一定程度上同时还原人物特征、动作骨架和脸部。如图 5-28 所示，人物脸部的特点和结构都检测出来了，姿态也得到了还原，但是手部的结构仍然随机生成。

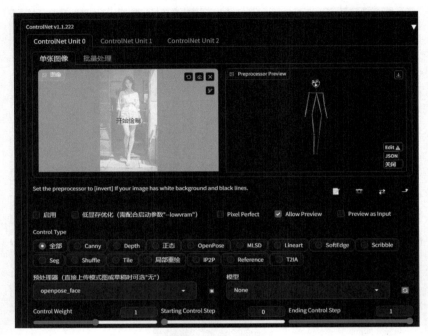

图 5-28

5.7.5 openpose_full（OpenPose 姿态、手部及脸部）

openpose_full 通过检测人物姿态、手部和脸部，把所有能提取的特征都提取出来，包括姿态、手部和脸部。通过这种方式对姿态的还原最为准确，如图 5-29 所示。

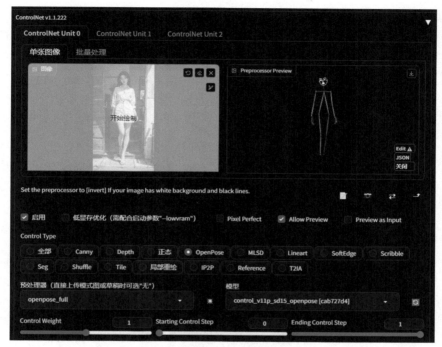

图 5-29

5.7.6　直接上传姿态图

我可以从现有的图片中提取姿态信息，也可以直接上传动作特征图进行生成。通过将预处理器设置为"none"来改变处理方式，这样我们也能够成功生成姿态，如图 5-30 所示。

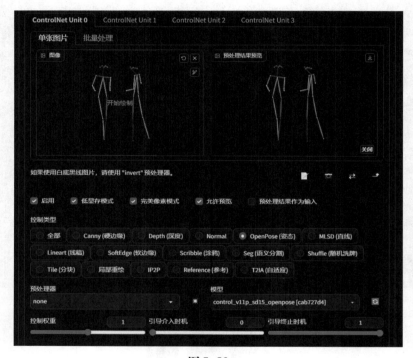

图 5-30

此外，我们也可以前往 C 站下载，筛选方式为"poses"，这样就能获取其他人制作的高质量姿态图。你可以将姿态图保存在计算机的任何位置，它都可以被读取。

5.7.7　自主生成姿态

实际上，不论是从图片中提取姿态还是从网上下载姿态图，有时都无法完全满足我们的需要。有时候，我们在脑海中想象出一个非常出色的姿态，那么如何生成这样的特征图呢？

在这种情况下，你可以考虑使用两款插件，它们是 OpenPose 编辑器和 3D 骨架模型编辑。

你可以 WebUI 界面选择"扩展"选项，在"可下载"界面里搜索"openpose"，然后下载安装这两款插件。

OpenPose 编辑器的界面如图 5-31 所示。

- **宽度 / 高度：**决定了特征图的分辨率。
- **添加：**通过添加额外的骨架来在画面中增加更多人物。
- **从图像中提取：**通常我们使用图片来对提取的特征图进行微调。在原有的动作特征基础上，可以修改手部或腿部的局部姿态。通过这种方式提取的特征图可能更符合我们的需求。
- **添加背景图片：**可以使用背景图片作为姿态的参照，在该背景图的基础上对骨架进行精细调整。这样，我们可以模仿某个图片中的姿态，或者对特征图进行还原。

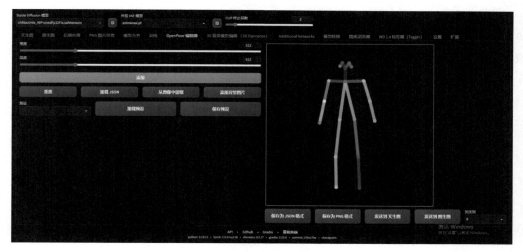

图 5-31

3D 骨架模型编辑的界面如图 5-32 所示。我们可以自由旋转骨架，并对其进行编辑。使用 Openpose，我们可以快速而简洁地编辑我们喜欢的姿态。然而，OpenPose 是面向 2D 图片的，所以在尝试生成具有立体感的动作时可能会面临很大的困难。掌握具体姿态的难度也很高。幸运的是，3D 的 OpenPose 预处理器解决了这个问题。

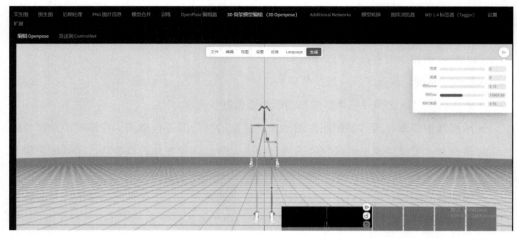

图 5-32

5.8　内容约束

在 ControlNet 中，Seg（语义分割）算法是一个极为强大的构图工具，无论是独立使用还是与其他插件配合使用，都能大大增强画面的可控性。通过修改分割图，你可以控制画面的各个组成部分，从小物体、人物、背景到整体构图都可以进行控制。当与 Multi controlnet 和 latent couple 等功能结合使用时，Seg 的能力更加强大。Seg 会在参考图片中标记对象，如建筑物、天空、树木、人和人行道，每个对象都有不同的预定义颜色。

Seg 包含以下 3 个预处理器。

- **seg_ofade20k：** 使用 OneFormer 算法在 ADE20k 数据集上训练的分割器。
- **seg_ofcoco：** 使用 OneFormer 算法在 COCO 数据集上训练的分割器。
- **seg_ufade20k：** 使用 UniFormer 算法在 ADE20k 数据集上训练的分割器。

首先我们来看看 Seg 到底是什么。

这里我们导入一张免费的室内素材图，然后预览一下 Seg 的预处理结果。我们选择的预处理器为 seg_ofade20k，结果如图 5-33 所示。

图 5-33

这张图中的颜色并不是随意标记的，它符合 ADE 20K 语义分割数据库的标签规则。然而需要说明的是，ControlNet Web UI 插件自带的语义识别模型性能一般，生成的布局不太规整。我建议大家尝试使用目前最新的语义分割框架 OneFormer，它能够生成高质量的分割图，有效地解决了问题。

　　接下来，我们来试试在没有多余提示词的情况，如图 5-34 所示，即使没有多余的提示词，房间的布局也被很好还原出来，这就是 Seg 的作用。

图 5-34

　　观察图 5-35 中的几组图片可以发现，ADE20k 和 COCO 分割的颜色图是不同的。seg_ofade20k 准确地标记了所有内容；ufade20k 有点嘈杂，但不会影响最终图片；COCO 表现类似，但存在一些错误。一般情况下，我推荐使用 seg_ofade20k。

seg_ofade20k

图 5-35

seg_ofcoco

seg_ufade20k

图 5-35（续）

5.9 图片重组

采用 Shuffle 算法将图片打乱，然后应用 Stable Diffusion 来重新合成新的图片，新图片将保留大部分色彩信息。

比如，我们将一张图片导入 ControlNet。通过应用 Shuffle 预处理，可以观察到画面内容被重新排列，但颜色信息得以保留。接着输入提示词：outdoors, no humans, day，出图效果如图 5-36 所示。

我们可以看到，画面元素已经被重新排列，但仍然保留了原来的风格和颜色。

图 5-36

5.10　细节提升

　　Tile 算法可用于许多方面。总体来说，它会忽略原图中的细节，并生成新的细节。另外，如果图片和提示词不匹配，Tile 则忽略全局提示，并使用本地上下文生成图片。

　　利用以上特性，我们可以使用该算法来删除不佳的细节和添加精致的细节。

　　例如，我们准备一张缺乏细节的图片，将它导入 ControlNet，并用 Tile 进行预处理，生成图中的细节变得更加丰富，如图 5-37 所示。

图 5-37

这个操作可以重复使用，不断丰富画面的细节，经过 3 次循环生成之后得到的图片细节变得非常丰富，如图 5-38 所示。

图 5-38

5.11　局部重绘

局部重绘可以只对图片的局部进行修复或者重新绘制，并不影响绘制区域以外的内容。

比如我们只想修改这张人物图片的头部区域，将黑发变成红发，表情变成微笑。我们可以将一张人像图导入 ControlNet，勾选"启用"，将"控制类型"设为局部重绘，用画笔将头部进行涂抹覆盖，单击"预处理"按钮，生成预览图，如图 5-39 所示。接着输入提示词：1girl, red hair, smile，生成效果如图 5-40 所示。生成图的人物头部经过重新绘制，很清晰地表达了提示词的意思。

图 5-39

图 5-40

5.12 IP2P 融合

　　IP2P 全称为 Instruct Pix2Pix，它可以把某种风格或者元素融合到另一种风格或者元素中。比如，我们导入一张房子图片到 ControlNet，然后输入提示词：make it on fire，可以看到，生成图中的火与房子元素进行了融合，如图 5-41 所示。

图 5-41

图 5-41（续）

5.13　提取特征

Reference 算法可以提取图片的特征，然后生成主体和风格都很相似的新图片。
例如，我们将一张人物图片导入 ControlNet，然后输入提示词：1 girl，
生成图是一张脸部、发型特征与原图差不多的新图片，如图 5-42 所示。

图 5-42

图 5-42（续）

除了 ControlNet 插件，我们会需要借助 Latent couple 插件约束构图、处理不同的图片区域以生成更理想的图片，也会需要 Tag 自动补全插件辅助我们输入提示词，提高图片生成效率。

5.14 Latent couple 插件

Latent couple 是一款强大的插件，特别适用于处理大长图、高图或多人图。通过使用 Latent couple，你可以对图片中的每个区域进行个性化的编辑，保留每个部分的细节和特色。最终，所有区域将合成一个完美的整体，呈现出丰富多样的图片效果。这种功能的扩展性和适用性使得 Latent couple 成为处理复杂图片的理想选择，让你能够更好地表达创意和实现独特的视觉效果。

下载安装完插件后，打开"潜变量成对"插件界面可以看到两个选项，分别是"蒙版"和"Rectangular"，其中"蒙版"功能还在研发，目前还没有实质的用处，通常我们用到的是"Rectangular"功能，其中"分割"用于设置画面的分割区域大小。默认情况下，第一个分区是全图，比例为 1：1，无需修改。之后的分区大小可以按比例设置，例如 1：2 表示高度占全图的 1/1，宽度占全图的 1/2。如果连续两个分区都是 1：2，则将区域平均分成两份，以此类推。

"位置"选项指定了每个提示词对应的分割区域。第一个选项 0：0 代表全图提示词，无需更改。后续的选项依次对应每个提示词所在的区域，例如 0：0 代表第一行第一列的区域，0：1 代表第一行第二列的区域，依此类推。

而"权重"选项用于设置每个提示词的权重。第一个选项 0.2 代表全图提示词的强度，后续的权重依次与"位置"选项指定的提示词对应。

请注意参考上述说明并对应图片来进行参数设置，如图 5-43 所示。

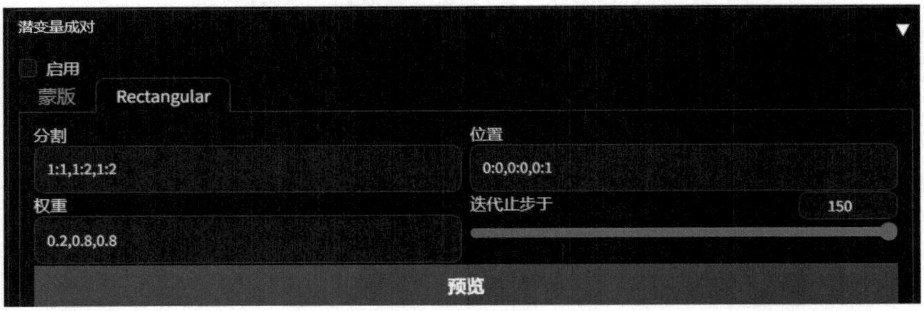

图 5-43

这里，我们使用的正向提示词的输入格式如下。

第 1 行：全图提示词。

第 2 行：AND 位置 1 提示词。

第 3 行：AND 位置 2 提示词。

则位置 1 按第一个 AND 后面的提示词进行生成，位置 2 按照第二个 AND 后面的提示词进行生成。

例如，我们输入如下提示词。

2girls, flowers,

AND 2 girls, black hair, long hair, long sleeves, long pants,

AND 2 girls, pink hair, long hair, long sleeves, long pants

出图效果如图 5-44 所示，一个是黑发女孩，另一个是粉发女孩。

图 5-44

5.15 Tag 自动补全插件

Tag 自动补全插件可以辅助用户输入提示词，它会根据你已输入的文字提供常用的提示词，加快输入速度，如图 5-45 所示。

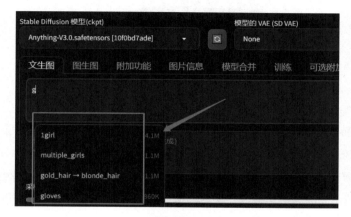

图 5-45

第6章
电商项目实战

在电商行业，利用 AIGC 技术可以生成逼真的产品渲染图或场景图，以替代传统的摄影拍摄；通过深度学习和计算机视觉技术，Stable Diffusion 还可以生成逼真的模特，体型、肤色和服装风格等都可以高度定制；另外，在电商直播中，Stable Diffusion 可以通过生成虚拟背景图片或视频来提供丰富和吸引人的直播背景，增强直播的视觉效果和专业性。

6.1 随机 AI 模特生成

假设我们要生成一个定制化的虚拟模特，要求如下。

动作：站立姿态。

场景：园林。

视角：全身。

风格：现实风格。

衣服：旗袍。

发型：长发。

如何做呢？动作、场景、视角和衣服可以采用文生图的方式得到；而风格方面，我们可以使用大模型来限制。

打开 WebUI，选择"majicmixRealistic_v5"（这里只写模型通用名称，省略后面的模型文件名与文件相关序号）模型，如图 6-1 所示。

图 6-1

输入正向提示词：

best quality, masterpiece, ultra high res, photorealistic, 1 Girl, long hair, standing, Qipao, garden, Chinese style, full body photo

输入反向提示词：

bad-artist, bad-artist-anime, bad_prompt_version2, badhandv4, easynegative, ng_deepnegative_v1_75t, yaguru, magiku

参数设置如图 6-2 所示。

图 6-2

出图效果如图 6-3 所示。

图 6-3

6.2　指定模特脸部特征

我们想要将上述模特的脸部变成一张微笑的脸，要怎么做？

这里要用到"图生图"模块的"局部重绘"功能。首先将图片导入"图生图"模块的"局部重绘"中，用蒙版覆盖脸部，如图 6-4 所示。

选择"majicmixRealistic_v5"模型。

输入正向提示词：

(Happy face),(beautiful face), girl, big eyes,

(photorealistic:1.4), 8k, (masterpiece), best quality, highest quality, (detailed face:1.5) original, highres, unparalleled masterpiece, ultra realistic, 8k, perfect artwork, ((perfect female figure))

输入反向提示词：

bad-artist, bad-artist-anime, bad_prompt_version2, badhandv4, easynegative, ng_deepnegative_v1_75t, yaguru, magiku

图 6-4

参数设置如图 6-5 所示。

图 6-5

出图效果如图 6-6 所示。

图 6-6

6.3　图片高清放大 / 修复

图片高清放大功能的实现基于大规模的图片数据集进行训练的深度学习模型。这些模型通过学习图片的特征和纹理,能够预测出图片中可能存在的细节。当应用到低分辨率图片上时,AI 模型能够分析图片的内容,并智能地进行重建,填补细节并提高图片的清晰度。

打开 WebUI,进入"附加功能"模块,如图 6-7 所示。

图 6-7

导入模糊的鞋子图片，如图 6-8 所示。

图 6-8

将"Upscaler 1"选项设置为 R-ESRGAN 4x+，如图 6-9 所示。

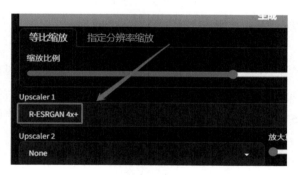

图 6-9

生成图的分辨率提升到了 4096×4096，如图 6-10 所示。

图 6-10

第7章

插画项目实战

> Stable Diffusion 目前在插画行业中已经有着广泛的应用，从辅助创作、角色设计、色彩填充，到绘制纹理和效果，甚至插画师可以使用 Stable Diffusion 提供的参数和选项，批量生成符合商业要求的作品。
>
> 需要注意的是，虽然 AIGC 工具在提高效率和创意拓展方面具有优势，但插画师的独特创造力和审美仍然是不可替代的。AIGC 工具仅能作为插画师的辅助工具，帮助他们实现更高效的创作过程和更广泛的创意表达。最终，作品的质量和艺术价值仍然取决于插画师的才能和创造力。

7.1 写实风格人物线稿

首先准备一张写实的人物图片，推荐尺寸为 512 × 512，如图 7-1 所示。

打开 WebUI，选择"AWPainting_v1.0"模型，如图 7-2 所示。

图 7-1

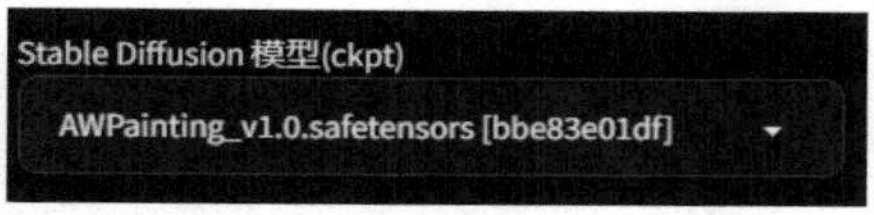

图 7-2

在 C 站提前下载如图 7-3 所示的 LoRA。

图 7-3

输入正向提示词：

line art:1.1, a line drawing, line work,

<LoRA:animeoutlineV4_16:0.7>

white background, masterpiece, best quality

输入反向提示词:

bad-artist, bad-artist-anime, bad prompt_version2, badhandv4, easynegative, ng_deepnegative_v1

75t, yaguru, magiku

参数设置如下。

- **迭代步数:** 30
- **采样方法:** Euler a
- **尺寸:** 1024×1024
- **提示词相关性:** 7

在"文生图"模块下方找到 ControlNet,在此处导入写实人物图片。勾选"启用",如图 7-4 所示。

图 7-4

参数设置如图 7-5 所示。

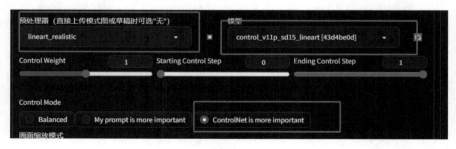

图 7-5

出图效果如图 7-6 所示。

图 7-6

7.2 线稿上色

线稿上色是 AIGC 在插画领域中的一项重要应用，可以帮助插画师快速对线稿进行上色。插画师只需提供线稿，然后使用 AIGC 工具自动填充颜色，减少了手动上色的时间。

1. 线稿人物上色

准备一张人物线稿图，如图 7-7 所示。

图 7-7

在导航栏找到"Tag 反推（Tagger）"，将图片导入并生成提示词，如图 7-8 所示。

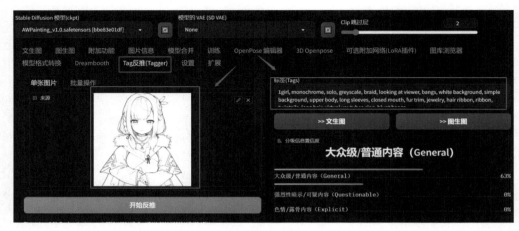

图 7-8

将 "线稿" "黑白" "灰色" 从生成的提示词中剔除，然后将剩下的提示词输入到 "文生图" 模块的提示栏中。

输入正向提示词：

masterpiece, best quality, 1girl, solo, braid, looking at viewer, bangs, white background, simple background, upper body, long sleeves, closed mouth, fur trim, jewelry, hair ribbon, ribbon, twintails, long hair, virtual youtuber, ring, blunt bangs

输入反向提示词：

bad-artist, bad-artist-anime, bad prompt_version2, badhandv4, easynegative, ng_deepnegative_v1_75t, yaguru, magiku

参数设置如图 7-9 所示。

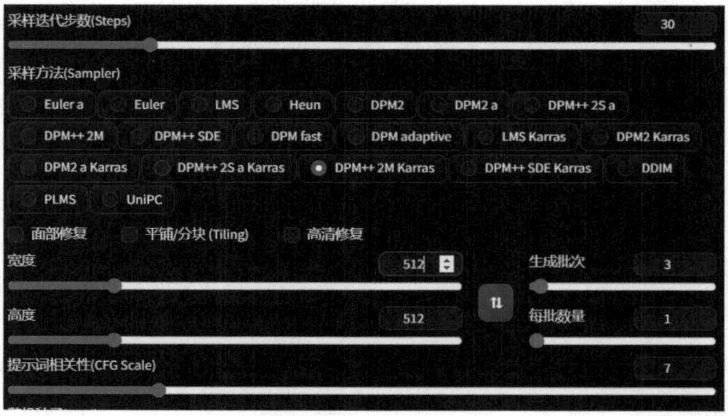

图 7-9

找到 ControlNet，在此处导入人物线稿图片，勾选"启用"，如图 7-10 所示。

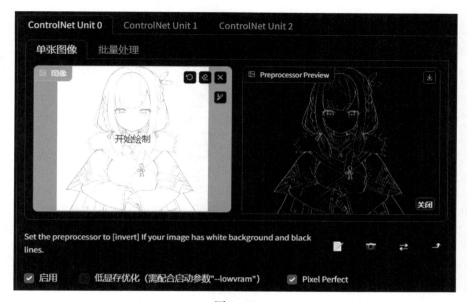

图 7-10

参数设置如图 7-11 所示，出图效果如图 7-12 所示。

图 7-11

图 7-12

2. 线稿场景上色

准备一张场景线稿图，如图 7-13 所示。

图 7-13

在"Tag 反推（Tagger）"栏目，将图片导入并生成提示词，如图 7-14 所示。

图 7-14

将"线稿""黑白""灰色"从生成的提示词中剔除，然后将剩下的提示词输入到"文生图"模块的提示栏中。

输入正向提示词:

no humans, tree, house, scenery, building, outdoors, cloud, traditional media, sky, sketch, window, road

输入反向提示词:

bad-artist, bad-artist-anime, bad prompt_version2, badhandv4, easynegative, ng deepnegative_v1_75t, yaguru, magiku

模型选择"AWPainting_v1.0"。

找到 ControlNet，在此处导入写实人物图片，勾选"启用"，如图 7-15 所示。

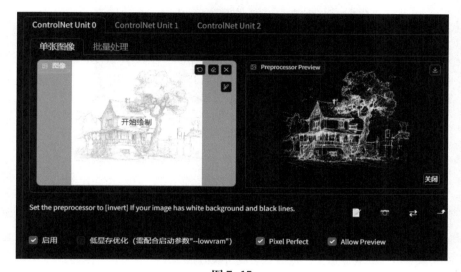

图 7-15

参数设置如图 7-16 所示。

图 7-16

出图效果如图 7-17 所示。

图 7-17

7.3 小说插画

在使用 Stable Diffusion 生成作品时，如果想获得一组多人图片，你可以在提示词中添加相应的词条，例如 2 girls 或者 3 characters。然而需要注意的是，该方法存在一定的局限性，即使输入了非常详细的提示词，也很难生成与我们预期一致的图片。因此，该方法仅适用于没有插件的平台，如 Midjourney。

而 Stable Diffusion 提供了丰富的插件，这些插件能够帮助我们更加精确地控制人物的位置、动作和组合方式。

1. 单人小说插图

我们以这段小说文字为例，选用小文作为主角，生成单人小说插图（本文仅用于提示，请读者无视 AI 生成内容的表达合理性与文笔风格）。

"在夜晚的街道上，小文独自站立着，思绪回荡。她凝视着城市的喧嚣，同时回忆起过去的岁月。那是她在家乡的夜晚，与家人一同注视着皎洁的月亮的场景。当时，她还只是一个年幼的小女孩，却常常沉醉在月光下，幻想着未来的美好。如今，她已经长大，踏上了这座城市的土地。每当夜幕降临，她都会来到这条街道，凝视着那天空中洁白的明月。

这一刻，成为她生命中最美好的时光之一。"

我们打开 WebUI，选择"AWPainting_v1.0"模型。

输入正向提示词：

1 girl, evening, moon, night view, alone, overlooking perspective

back shadow, white hair

输入反向提示词：

lowres, bad anatomy, ((bad hands)),(worst quality:2),(low quality:2),(normal quality:2),

lowres, bad anatomy, bad hands, text, error, missing fingers, high saturation, high contrast

参数设置如图 7-18 所示。

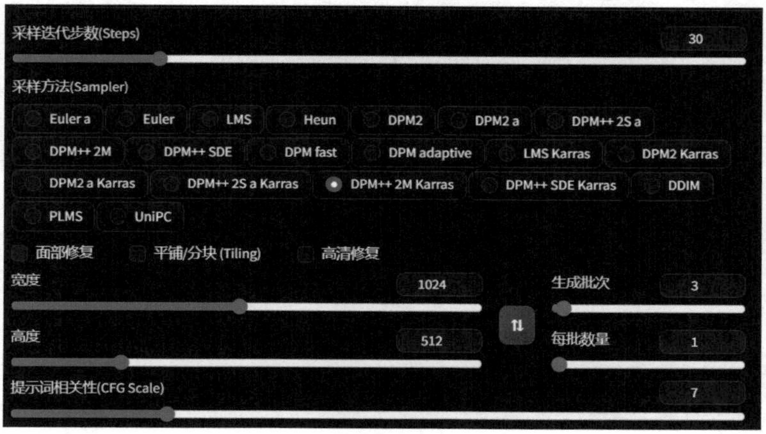

图 7-18

出图效果如图 7-19 所示。

图 7-19

2. 多人小说插图

如果我们需要两个女孩的小说插图，可以采取以下优化措施。首先，为了确保双人图的人物位置不是随机生成的，可以使用 ControlNet 来限定人物的姿态。同时，为了实现多人图的效果，可以使用扩展功能 Latent couple。

在 Latent couple 中，勾选"启用"并选择"Rectangular"模块。

这里我们以双人图为例，Latent couple 参数设置如图 7-20 所示。

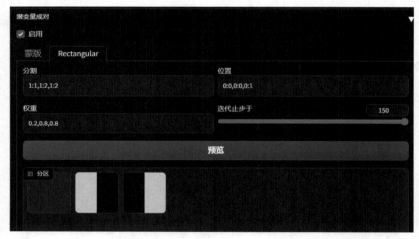

图 7-20

正向提示词需要遵循以下格式。

第 1 行：全图提示词。

第 2 行：AND 位置 1 提示词。

第 3 行：AND 位置 2 提示词。

输入正向提示词：

2girls, flowers,

AND 2girls, black hair, long hair, long sleeves, long pants,

AND 2girls, pink hair, long hair, long sleeves, long pants

输入反向提示词：

easynegative, bad quality, low quality, normal quality, worst quality, nsfw, loli, exposed attire, poorly drawn hands, bad hands, extra fingers

接下来选择"AWPainting_v1.0"模型，如图 7-21 所示。

图 7-21

参数设置如图 7-22 所示。

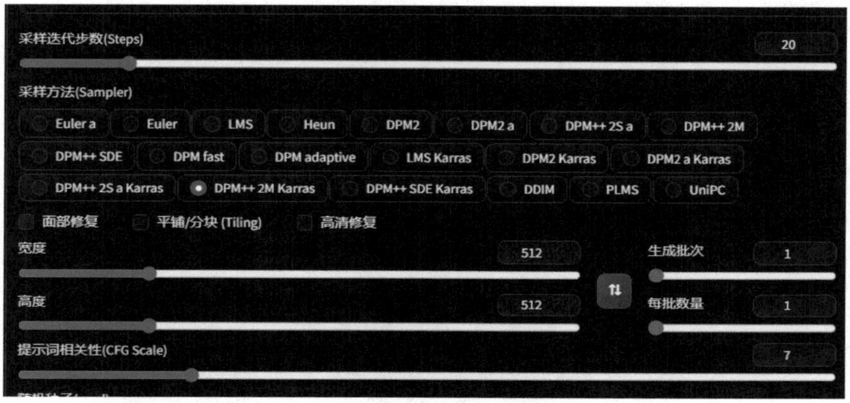

图 7-22

出图效果如图 7-23 所示。

图 7-23

7.4　图片扩展

图片扩展是指在原图的基础上生成更多的画面内容，从而扩展图片的尺寸，同时保持原图的构图、风格和色彩不变。

这个功能为插画师提供了丰富的灵感和创作可能性，同时也方便后期调整图片尺寸。例如，可以将只包含人物上半身的图片扩展为包含完整身体的图片，将竖向图片扩展为横向图片，或者反过来。这种功能在许多应用场景中都非常有用。通过不断重绘和调整参数，可以满足个性化需求，达到我们最终期望的效果。

图 7-24 所示为一张尺寸为 512×512 的动漫场景图片。

图 7-24

我们进入"图生图"模块，选择"AWPainting_v1.0"模型。

输入正向提示词：

scenery, no humans, outdoors, sky, stairs, day, grass, cloud, tree, blue sky, mountain, ruins, rock, building

输入反向提示词:

bad-artist, bad-artist-anime, bad_prompt_version2, bad hand_v4, easynegative, easynegative_
easynegative, ng_deepnegative_v1_75t, yaguru, magiku

参数设置如图 7-25 所示,出图效果如图 7-26 所示。

图 7-25

图 7-26

接着,把生成图拖入"图生图"模块,选择"局部重绘",用鼠标绘制出需要重新绘制的区域,即图片的黑色部分,如图 7-27 所示。

图生图
绘图
局部重绘
局部重绘(手涂蒙版)
局部重绘(上传蒙版)
批量处理
将图片复制到:
图生图
绘图

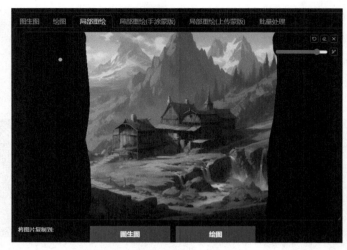

图 7-27

参数设置如图 7-28 所示。

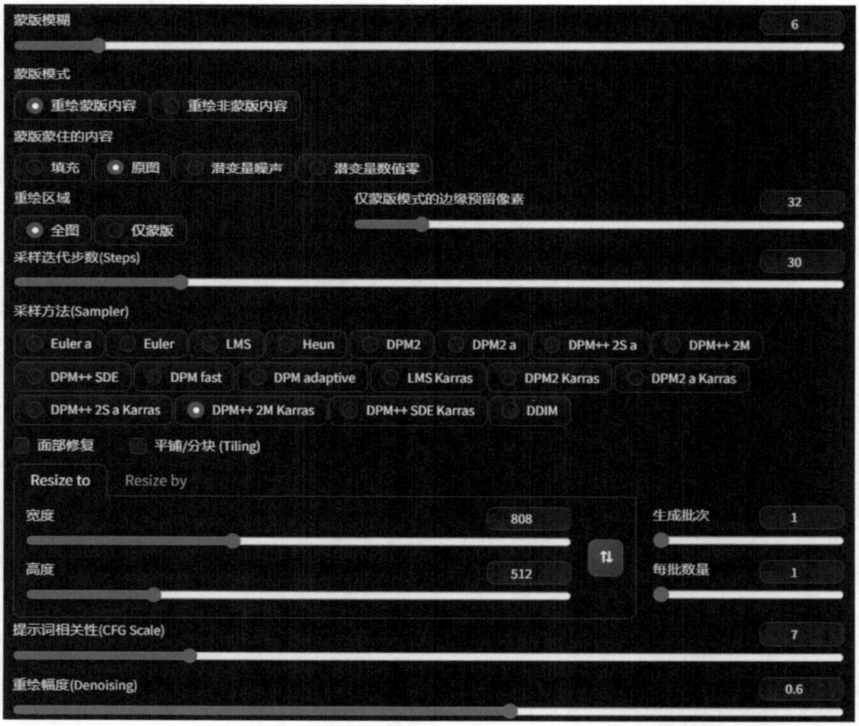

蒙版模糊
6
蒙版模式
重绘蒙版内容
重绘非蒙版内容
蒙版蒙住的内容
填充
原图
潜变量噪声
潜变量数值零
重绘区域
全图
仅蒙版
仅蒙版模式的边缘预留像素
32
采样迭代步数(Steps)
30
采样方法(Sampler)
Euler a
Euler
LMS
Heun
DPM2
DPM2 a
DPM++ 2S a
DPM++ 2M
DPM++ SDE
DPM fast
DPM adaptive
LMS Karras
DPM2 Karras
DPM2 a Karras
DPM++ 2S a Karras
DPM++ 2M Karras
DPM++ SDE Karras
DDIM
面部修复
平铺/分块 (Tiling)
Resize to
Resize by
宽度
808
高度
512
生成批次
1
每批数量
1
提示词相关性(CFG Scale)
7
重绘幅度(Denoising)
0.6

图 7-28

在生成图中可以看到原图得到了扩展，如图 7-29 所示。

图 7-29

7.5 辅助生成海报

设计海报时，设计师需要综合考虑外观、营销策略和信息传达，以更好地满足客户需求。AIGC 工具为海报设计师带来了新的灵感和思路，不仅可以帮助那些不具备绘画和设计能力的人轻松上手设计海报，还可以帮助有能力的设计师高效、高质地完成客户的任务。

作为一名设计师，如果你想使用 AIGC 辅助生成海报，需要事先确定画面风格和构图，并在内心中打下草稿。如果需求模糊不清，AIGC 工具也无法抓住重点，可能会生成许多不需要的图片。比如，你可以限定风格，如极简风、古典风、赛博风、立体风等。

ChatGPT 可以帮助设计师将海报设计思路文字化、具象化和多样化。而 Stable Diffusion 可以帮助设计师生成适用于企业品牌宣传、运营活动策划等的海报内容元素。最后，可以使用 Photoshop 工具完善海报细节，如添加文字和特效从而获得一份精致的海报。

假设我们要设计一份以初夏盛乐为主题的海报，那么首先就确定画面为卡通风格，提示词少不了"夏天""户外""可爱""温馨"等。

打开"文生图"模块，选择"AWPainting_v1.0"模型，LoRA 选择"blindbox_v1_mix"。

输入正向提示词：

a white cat in a straw hat is standing on the grass, in the style of song dynasty, colorful animation stills, simplified dog figures,light sky-blue and white, studyblr, movie still, movie poster <LoRA:blindbox_v1_mix:1>

输入反向提示词:

bad-artist, bad-artist-anime, bad_prompt_version2, badhandv4, easynegative, easynegative_ easynegative, ng_deepnegative_v1_75t, yaguru, magiku

参数设置如图 7-30 所示。

图 7-30

接着将其导入 Photoshop,添加文字后,便得到了一份赏心悦目的海报,如图 7-32 所示。

图 7-31

图 7-32

> 在游戏行业，AI 绘画越来越常见，以下是几个常见的应用方向。
>
> 1. 角色多视图设计：以前游戏开发人员需要手绘游戏角色的各个视图，而 AI 技术可以通过学习现有的角色设计和动画数据，自动生成多视图，减少了繁琐的手工绘制工作。
>
> 2. 游戏原画生成：Stable Diffusion 通过学习大量现有的游戏原画作品，生成新的原画设计，为游戏提供独特的艺术风格和创意。
>
> 3. 游戏场景设计：Stable Diffusion 可以快速生成、填充和布置游戏场景中的各种元素，例如建筑物、植被、地形等，大大减少了手工绘制的工作量，同时也为开发人员提供了更多的设计选项和灵感。
>
> 4. 游戏图标设计：Stable Diffusion 会根据游戏的主题和风格，自动生成符合开发者要求的游戏图标设计，节省了设计师的时间和精力。

8.1　多视图设计

　　游戏角色多视图指的是游戏角色不同视角下的形象，使玩家能够更全面地了解角色的外观、能力和行为。游戏角色多视图通常包括正面视图、侧面视图、背面视图以及面部特写视图等多个角度的展示。

8.1.1　写实游戏角色多视图设计

　　打开 ControlNet，导入三视图的骨架图（可以在网上搜索下载，或者利用 OpenPose 获取），参数设置如图 8-1 所示。

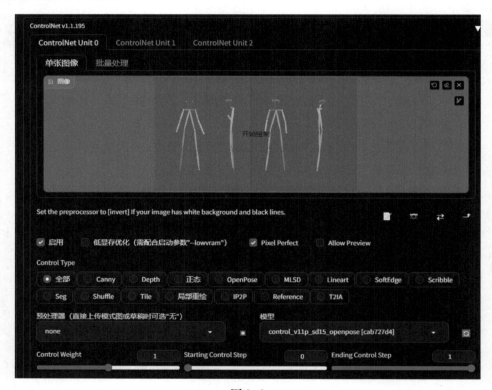

图 8-1

　　单击单张图片下方"set dimensions"按钮，如图 8-2 所示，将生成图的尺寸设置为跟骨架图一样。

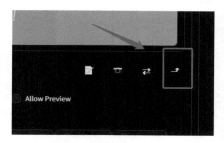

图 8-2

输入正向提示词：

masterpiece, best quality（simple background,white background:1.5),((multiple views)), get a front and back view

输入反向提示词：

bad-artist, bad-artist-anime, bad_prompt_version2, badhandv4, easynegative, ng_deepnegative_v1_75t, yaguru, magiku（此为 embedding 模型，直接在 C 站搜索下载即可）

勾选"高清修复"，将"放大算法"设为 R-ESRGAN 4x+，"重绘幅度"设为 0.7，"放大倍率"设为 2.5，参数设置与对应的出图效果如图 8-3 所示。

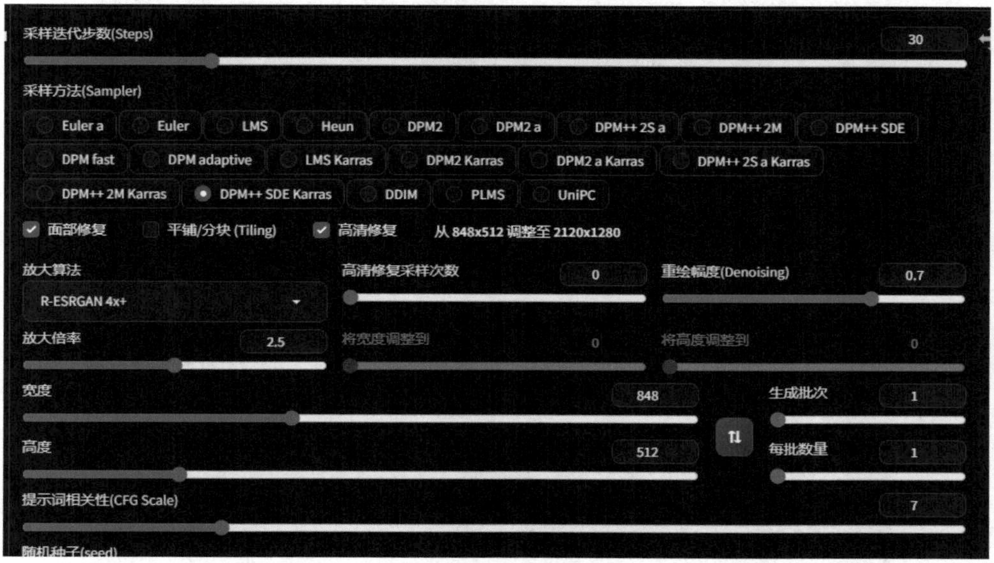

图 8-3

图 8-3（续）

8.1.2　二次元游戏角色多视图设计

最初的步骤与上一小节一致，打开 ControlNet，导入三视图的骨架图，参数设置如图 8-4 所示。

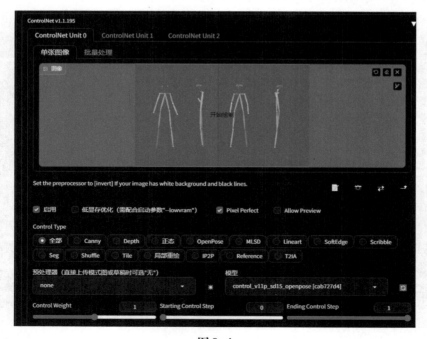

图 8-4

单击单张图片下方"set dimensions"按钮，如图 8-5 所示，将生成图的尺寸设置为跟骨架图一样。

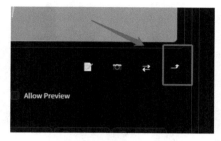

图 8-5

输入正向提示词：

masterpiece, best quality（simple background, white background:1.5),((multiple views)), get a front and back view

输入反向提示词：

bad-artist, bad-artist-anime, bad_prompt_version2, badhandv4, easynegative, ng_deepnegative_v1_75t, yaguru, magiku（此为 embedding 模型，直接在 C 站搜索下载即可）

勾选"高清修复"，将"放大算法"选择 R-ESRGAN 4x+，"重绘幅度"设为 0.7，"放大倍率"设为 2，参数设置与对应的出图效果如图 8-6 所示。

图 8-6

图 8-6（续）

　　同写实风格、二次元风格的游戏角色生成方法类似，其他风格的游戏角色，比如卡通风格、像素风格，都可以找到对应的模型或 LoRA 进行生成。

　　AIGC 绘画在多视图中的应用为游戏开发者提供了更多的创作和设计可能性，使得角色形象更加丰富多样，且更符合游戏世界的要求。

8.2　原画生成

　　原画通常是艺术家创作的起点和参考，它可以是手绘的草图或数字绘画，也可以是使用计算机生成的图片或 3D 渲染图像，如图 8-7 所示。绘制原画的主要目的是捕捉艺术家的创意和表达想法，为后续的艺术制作提供基础。在游戏开发中，原画包括角色设计、场景布局、道具概念等，它们帮助团队理解和沟通创意，并最终转化为游戏中的可视化元素。

图 8-7

8.2.1 游戏原画生成

假设要做一款怪兽主题的游戏，需要一些原画概念稿来表达想法和内部沟通。我们可以通过文生图的方式来生成原画。首先需要从 C 站直接搜索与下载 ReV Animated 模型，如图 8-8 所示。

图 8-8

输入正向提示词：

(ultra-detailed), (masterpiece), (raw photo), best quality, realistic, photorealistic, extremely detailed, [big monster on alien planet], [flying city in background], [robots], [spacecraft], photorealistic, hyperrealistic, hyperdetailed, analog style, soft lighting, subsurface scattering, realistic, heavy shadow, masterpiece, best quality, ultra realistic, 8k, golden ratio, Intricate, high detail, film photography, soft focus

输入反向提示词：

bad-artist, bad-artist-anime, bad_prompt_version2. badhandv4, easynegative, ng_deepnegative_v1_75t, yaguru, magiku

以上反向提示词来自"Embedding"。可以用 ReV Animated 模型说明文档中提供的 Embedding，如图 8-9 所示，也可以自己输入一些常规的反向提示词。

图 8-9

参数设置如图 8-10 所示。

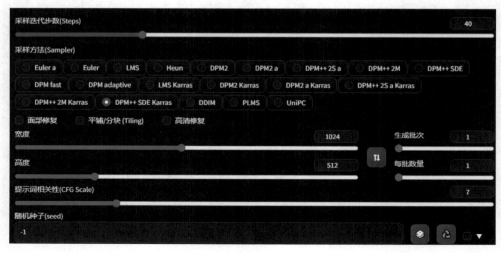

图 8-10

出图效果如图 8-11 所示。

图 8-11

8.2.2　游戏场景设计

游戏场景包括开放、半开放或封闭环境，其中的建筑、景观等是塑造游戏世界氛围的重要组成，如图 8-12 所示。

Stable Diffusion 可以帮助游戏设计者快速生成高质量的场景原画包括逼真的地形、建筑和自然景观等元素，为开发者提供创作灵感。

图 8-12

游戏概念设计师，需要游戏场景的原画参考，此时可以使用"文生图"模式。打开

WebUI，选择"revAnimated"模型，如图 8-13 所示。

图 8-13

LoRA 选择"miniatureWorldStyle_v10"，LoRA 权重参数设置为 0.75（可以直接在 C 站搜索 Miniature world style 进行下载）。

输入正向提示词：

(ultra-detailed),(masterpiece),(raw photo), 8k, intricate details, hyper quality, ultra detailed, beautiful composition, realistic shadows, physically-based rendering, absurdres, 3D render, isometric, （building）, labyrinth, plants growing, moss, vines, ferns, mysterious, abandoned, torches, dimly lit, traps, Abandoned building, secret passages, <LoRA:miniatureWorldStyle_v10:0.75> , nmini\(ttp\), miniature, landscape, in dreamy forest

输入反向提示词：

bad-artist, bad-artist-anime, bad, prompt, version2, badhandv4, easynegativeng_deepnegative_v1_75t, yaguru, magiku

参数设置如图 8-14 所示，出图效果如图 8-15 所示。

图 8-14

图 8-15

8.2.3 图标设计

游戏图标通常用于游戏界面、菜单、任务栏或移动设备的应用程序图标等。打开 WebUI，选择"gameiconinstitute_v22"模型（可以在 C 站搜索并下载），如图 8-16所示。

Stable Diffusion 模型(ckpt)

gameIconInstitute_v22.safetensors [5ab585f17(▾

图 8-16

输入正向提示词：

Intricate magic ring made of flowers, cartoon,game icon (masterpiece)

输入反向提示词：

bad-artist, bad-artist-anime, bad_prompt_version2, badhandv4, easynegative, ng_deepnegative_v1_75t, yaguru, magiku

参数设置如图 8-17 所示。

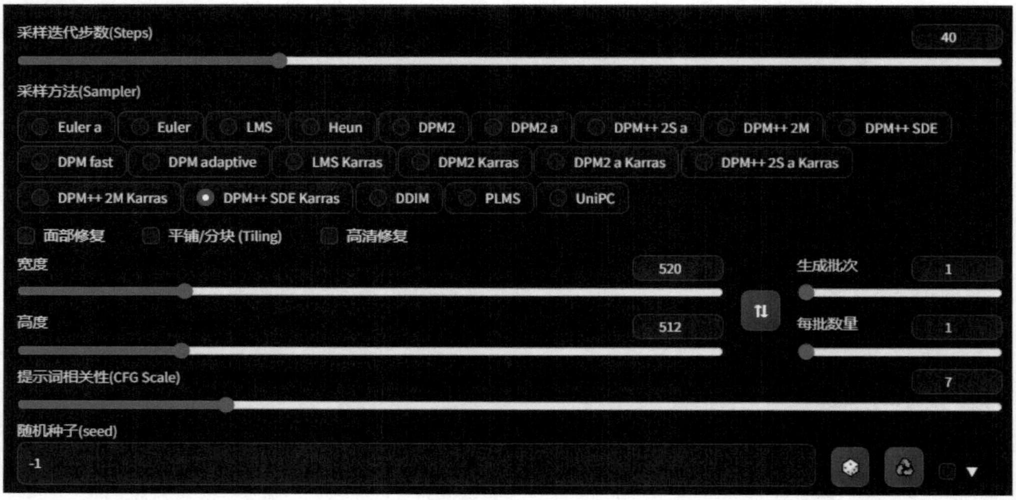

采样迭代步数(Steps)　　　　　　　　　　　　　　　　　　　　40

采样方法(Sampler)

Euler a　　Euler　　LMS　　Heun　　DPM2　　DPM2 a　　DPM++ 2S a　　DPM++ 2M　　DPM++ SDE

DPM fast　　DPM adaptive　　LMS Karras　　DPM2 Karras　　DPM2 a Karras　　DPM++ 2S a Karras

DPM++ 2M Karras　　● DPM++ SDE Karras　　DDIM　　PLMS　　UniPC

☐ 面部修复　　☐ 平铺/分块 (Tiling)　　☐ 高清修复

宽度　　　　　　　　　　　　　　　　520　　　　　　生成批次　　　　1

高度　　　　　　　　　　　　　　　　512　　　　　　每批数量　　　　1

提示词相关性(CFG Scale)　　　　　　　　　　　　　　7

随机种子(seed)

-1

图 8-17

出图效果如图 8-18 所示。

图 8-18

第9章

建筑项目实战

"

建筑设计本身是一项富有创造性和艺术性的工作，需要设计师将他们的愿景转化为具体的图纸和模型。然而，随着 AIGC 技术的不断发展，我们见证了一场数字化的变革，这使得建筑设计的过程变得更加高效、精确和创新。

AIGC 技术不仅可以帮助建筑师在短时间内生成大量不同设计方案，从而为建筑师提供有关最佳设计决策的建议。这使得建筑设计不再仅仅依赖于个人经验和直觉，而是更加科学化和智能化。

Stable Diffusion 这样的 AIGC 工具满足了室内装修、建筑外观、景观规划等实际工作场景的需求，它能够准确捕捉图片的细节和氛围，如图 9-1 所示。通过分析这些信息，建筑设计师能更好地理解设计要求，并快速生成各种类型的图片，包括平面图、方案图和效果图等。

需要注意的是，与传统渲染工具 Vray 和 3Dmax 相比，Stable Diffusion 在表达细节方面可能并不占优势。

图 9-1

9.1　直接生成室内设计效果图

打开 WebUI，选择"ChilloutMix"模型（可以在 C 站搜索并下载）。

输入正向提示词：

no humans, flower, curtains, scenery, vase, bed, lamp, chair, table, window, indoors, bedroom, wooden floor, sunlight, pillow, rose, carpet, painting (object), book, clock, day, shade, plant, flower pot

输入反向提示词：

bad-picture-chill-75v, lowres, bad anatomy, bad hands, text, missing fingers, error, extra digit, fewer digits, worst quality, cropped, low quality, normal quality, jpeg artifacts, signature, watermark, username, simple background, low res, line art, flat colors, dated, toony, bad feet, nsfw, missing arms, humpbacked, long neck, nude, shadow, skeleton girl, artist name, blurry, chromatic aberration abuse, parody

参数设置如图 9-2 所示。

采样迭代步数(Steps)		30

采样方法(Sampler)

Euler a	Euler	LMS	Heun	DPM2	DPM2 a	DPM++ 2S a	DPM++ 2M
DPM++ SDE	DPM fast	DPM adaptive	LMS Karras	DPM2 Karras	DPM2 a Karras
DPM++ 2S a Karras	● DPM++ 2M Karras	DPM++ SDE Karras	DDIM	PLMS	UniPC

☐ 面部修复　☐ 平铺/分块 (Tiling)　☐ 高清修复

宽度	768	生成批次	1
高度	512	每批数量	1
提示词相关性(CFG Scale)			8

随机种子(seed)

-1

图 9-2

出图效果如图 9-3 所示。

图 9-3

9.2　根据线稿生成效果图

假设你是一名室内设计师，需要根据现成的室内设计线稿快速生成一张效果图。先调用 ControlNet，打开 WebUI，进入"文生图"模块，选择"ChilloutMix"模型。

输入正向提示词：

no humans, window, indoors, couch, scenery, door, table, chair, wooden floor, traditional media, cabinet

输入反向提示词：

bad-artist, bad-artist-anime, bad_prompt_version2, badhandv4, easynegative, EasyNegative_EasyNegative, ng_deepnegative_v1_75t, yaguru, magiku

参数设置如图 9-4 所示。

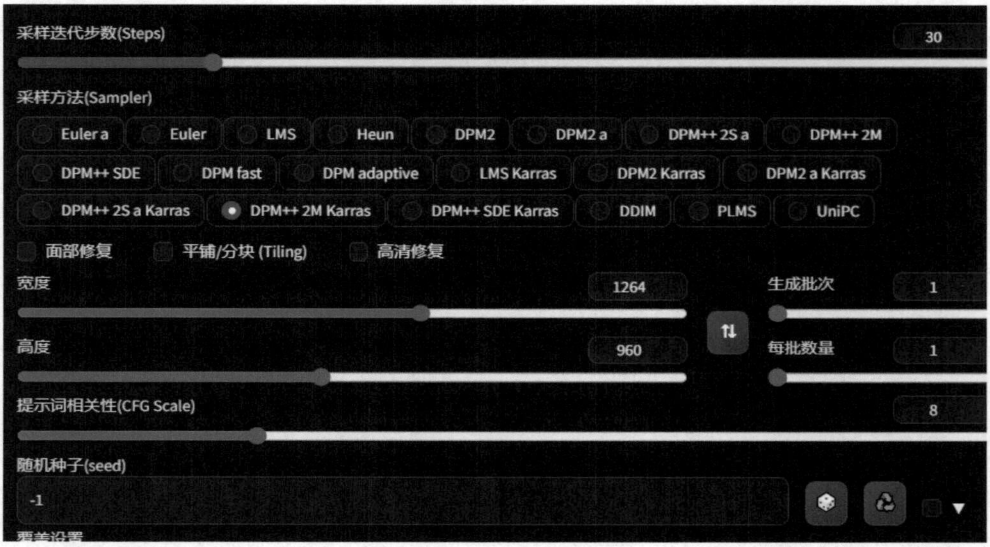

图 9-4

找到 ControlNet，在此处导入线稿。勾选"启用"，其他参数设置如图 9-5 所示。

图 9-5

出图效果如图 9-6 所示。

图 9-6

9.3　建筑设计

设计师通常需要根据一张单体建筑的线稿制作建筑效果图。

打开 WebUI，选择"xsarchitecturalv3com_v31"模型（可以在 C 站搜索并下载）。

输入正向提示词：

Tadao Ando's architectural style, modern house, outdoors, cloud, blue sky,

<LoRA:xsarchitectural-19Houseplan:1>,

masterpiece, best quality, revision, extremely detailed cg unity 8k wallpaper, realistic,

photorealistic

输入反向提示词：

bad-artist, bad-artist-anime, bad_prompt_version2, badhandv4 easynegative, EasyNegative_

EasyNegative, ng_deepnegative_v1_75t, yaguru, magiku

参数设置如图 9-7 所示。

图 9-7

在"文生图"模块下方找到 ControlNet，在此导入线稿。勾选"启用"和"Pixel Perfect"，

其他参数设置如图 9-8 所示。

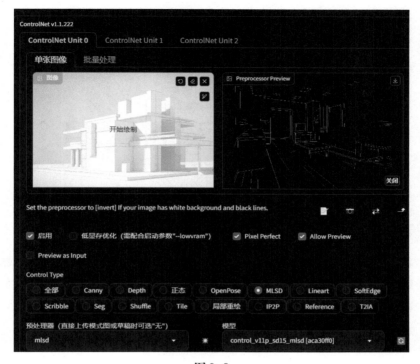

图 9-8

出图效果如图 9-9 所示。

图 9-9

第10章

实用创意项目探索

除了在商业设计中的应用，Stable Diffusion 也会在很多其他领域发挥意想不到的作用。本章通过两个案例抛砖引玉，希望读者可以发挥自己的想象力，创造性地利用 AIGC 工具，找到其中的乐趣。

很多人家里都保留着一些珍贵的老照片，但是随着时间的流逝，它们会破损。为了拯救老照片，我们可以利用 Stable Diffusion 的"附加功能"模块对其进行修复。

首先导入待修复的老照片电子文件，如图 10-1 所示。

图 10-1

"GFPGAN 可见度"会对图片人物的面部进行一定范围内的细节修复；"CodeFormer 可见度"在去除噪点、马赛克的效果的同时自主改动人物面部，导致人脸可能与原图不符。因此可根据实际情况调整"GFPGAN 可见度"和"CodeFormer 可见度"的参数。其他参数设置如图 10-2 所示。

图 10-2

出图效果如图 10-3 所示。

图 10-3

10.2　制作头像

Stable Diffusion 可以轻松地转换图片风格。当下很多年轻人都喜欢将自己的头像设计成别致的风格，如二次元风格、像素风格、动画风格等。

接下来的案例会将头像原图转换成二次元风格，同时尽量保留原图的轮廓、细节，对颜色、构图不做过多的修改。

打开 WebUI，选择"AWPainting_v1.0"模型，如图 10-4 所示。

图 10-4

输入正向提示词：

masterpiece, ultra high res, high quality, 4k, (photorealistic:1.2), photo,

a beautiful girl

输入反向提示词：

bad-picture-chill-75v, lowres, bad anatomy, bad hands, text, missing fingers, error, extra digit, fewer digits, worst quality, cropped, low quality, normal quality, jpeg artifacts, signature, watermark, username, simple background, low res, line art, flat colors, dated, toony, bad feet, nsfw, missing arms, humpbacked, long neck, nude, shadow, skeleton girl, artist name, blurry, chromatic aberration abuse, parody.

参数设置如图 10-5 所示。

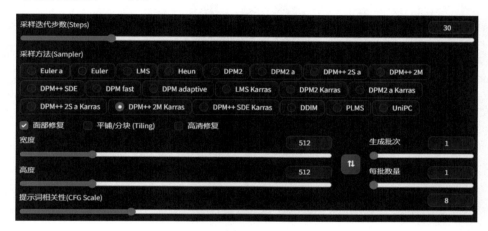

图 10-5

将写实头像（这里采用虚拟人物作为案例）的图片导入 ControlNet，并使用"canny"模式，如图 10-6 所示。

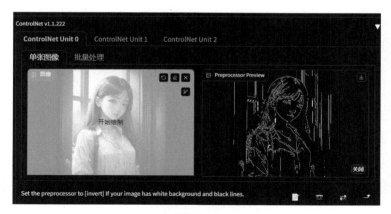

图 10-6

出图效果如图 10-7 所示。

图 10-7